习惯逆袭

李鲆 著

中国华侨出版社
·北京·

果麦文化 出品

如果我可以，
你应该也可以

一

我妈怀我时，已经 39 岁，又被迫做了一次（当然是失败的）流产手术，导致我先天严重不足，从小体弱多病。

我读书时，体育从不及格；直到 40 岁，我从来没有完成过一个俯卧撑或引体向上。

我一度胖到 174 斤，因肥胖而引发足底筋膜炎，连走 500 米路都困难。

我 40 岁以后才开始健身，42 岁时，减脂 20 多斤，腰围减掉 20 多厘米，有了比较清晰的肌肉，可以一口气跑一个小时。

我今年 48 岁，体能仍超过 18 岁的青少年。

如果我可以从零开始重塑身体，让自己一点点强悍起来，你应该也可以。

二

我没有读过大学，只读过中专。

18岁就参加工作，之后一切都是自学。

我后来成为出版领域最贵的培训师，出版过创业、营销、亲子等类型的图书。

我给研究生讲过课，给企业家讲过课，给政府单位职员讲过课，我培训过上万名创业者。

我有很多个技能包，都是随随便便拿出来就能开课的，包括创业、销售、出版、写作、营销、自媒体、社群运营、心理、两性、育儿……

如果我可以做终身学习者，让自己越来越智慧，你应该也可以。

三

16岁时，我是个文艺青年，在小报不起眼的角落上发表了一首诗，就雄心勃勃地要当作家。

想，这辈子，能出版一本书，是多么美妙的一件事。

16年后，也就是32岁那年，我正式出版了第一本书：《爱情这江湖》。

我今年 48 岁，已经出版了 30 多本书，总销量过百万册。

如果我可以为理想一直努力，最后梦想成真，你应该也可以。

四

我 36 岁才进报社，是个没专业、没经验、没资源的小白。

我花了大量时间去学习、实验、实践。别人做一块版用一天时间，我要用半个月。

一年后，我做出了报社最有影响力的专刊，这份专刊被业内前辈评价为：

只有第一，没有第二。

如果我可以进入一个领域，并迅速成为专家，你应该也可以。

五

我身高不到一米七，从来没有帅过，嗓音沙哑而单薄。

五音不全，没有一首歌可以完整而不跑调地唱下来。

我不会跳舞，写的字很难看，拍的照片都是渣。

我生在农村，15 岁之前没有刷过牙。35 岁时，吃饭还习惯吧唧嘴。

到现在，我还是会不自觉地爆粗口，还是不会穿衣搭配。

如果我这样的人也可以顽强地活下去，可以让自己一点点地变得不太 LOW，你应该也可以。

六

我的原生家庭非常糟糕。

我的母亲脾气暴躁，动不动就歇斯底里，打骂我们不需要理由；我的父亲只宠我哥，而我哥是个赌棍、败家子。

我被原生家庭不停压榨，错过了很多机会。后来离家千里，只要接到老家电话就心惊肉跳，每次回老家前后必生一场大病。

我跟我女儿的关系很好，完全没有复制父母和我的相处方式。

如果我可以摆脱原生家庭的影响，让自己变得强大、温和而通透，内心坚定、无所畏惧，你应该也可以。

七

我 22 岁才离开农村到了小镇上。28 岁才进了小县城。32 岁才去了北京。35 岁才第一次坐飞机。40 岁才第一次出国。

我后来自驾走过大半个中国，最后选择我喜欢的城市定居，有随时可以到更好的地方的能力。

如果我可以不断地让自己见到更大的世界，你应该也可以。

八

我天生内向，超级脸盲，有严重的社交障碍症，最严重的时候，连电话采访都做不到，只能发邮件。

我后来做过几百场培训、演讲，面对过千人大场。

我现在有极强的辩论能力和谈判能力，如果有必要，我可以搞定绝大部分人。

如果我可以克服自己的弱点，并让它成为自己的强项，你应该也可以。

九

我32岁离开小城去北京，去北京前月薪721元，去北京后月薪3000元，很多刚毕业的大学生都比我赚得多。

38岁那年的春节，我手里只有2000元，而房贷要还4000元。

我后来可以用一天赚到此前一年才能赚到的钱，也曾用一年赚到前半生赚到的所有钱。

当然，在有钱人眼里，这也不算什么钱。我只是想说：

如果我可以让自己越来越值钱，你应该也可以。

+

我的亲戚，几乎都在农村，种地或者打工。一两万元，对于他们已经是很大一笔钱。

我初中时的同学，大半在农村种地；

我中师的同学，基本都在乡下小学教书；

我在政府单位时认识的同事，大部分还是公务员；

我到北京后工作过的几个单位，有的倒闭了，没倒闭的也不算景气；

我的前同事们，除了有极个别创业的，其他大部分还在打工，还有些回了老家。

如果我可以不断地超越自己的出身、阶层，你应该也可以。

十一

我认识一些很聪明的人。

我同学里的某人，有过目不忘之能，平时从不上课，考试前随便翻翻书就能拿到二等奖学金。

而我要很努力地读书，才能勉强拿到三等。

这位同学，现在在一个小县城的一所小学教书，好像是个教导主任吧。

如果我最终可以比那些比我聪明得多的人做得更好，你应该也可以。

十二

2000 年，我预测房价会大涨，但我没钱。直到 2003 年，才在小城买了第一套房子，这时房价其实已经翻倍了。

2008 年，我告诉所有二、三线城市的朋友，房价要大涨，赶快买，但我还是没钱做投资。

2016 年，京沪深津房价大涨，广州房价基本不动。我告诉广州的朋友，赶快买房，房价要涨，但我没有资格买房。

我错过了许多机会。不只是因为自己没能力、没眼光，还因为出身太低，没有资源。

但人生永远有新的机会。你错过多少次都没关系，前路还长，你只要一直努力，就总能抓住那么几次。

怕的是，这一辈子，你从来没有抓住任何机会。

如果我在眼睁睁地看到无数机会滑过却无能为力后，还能毫不气馁，努力抓住新的机会，你应该也可以。

十三

嗯，我就是这样一个人：

起点很低，不算聪明，没什么资源和人脉，没见过什么世面，格局很小，眼光短浅……各方面条件加一起，连及格都勉强。

我只是一直在努力做终身学习者。抓住每一个能抓住的机会。把能做的事情做到极致。在每一个领域，都尽可能让自己成为专家。

由此，看到更大的世界，得到更多的资源，让自己的格局变得更大，看得更远。

最终过自己想要的生活，成为自己想要成为的人。

如果我可以，你应该也可以。

目录

第 ❶ 章 逆袭是一种能力   001

逆袭并不难，你其实可以学会   003

至暗时刻，你就是自己的光   007

当你穿越过了暴风雨，你早已不再是原来的那个人   011

一辈子等于十辈子   013

如果你没有生在罗马   014

如何找到生命里的贵人   017

怎样白手起家，赚到人生第一个 100 万元   021

没有什么能决定命运   023

时代抛弃你的时候，连个招呼都不会打   027

放下幻想，认清现实   030

弱者才会抱怨，强者只会接受   033

乐观的悲观主义者   035

超过 80% 的人，其实很容易   036

有些你以为烂俗的鸡汤，其实是人生至理   037

鲆叔语录：我的逆袭之路的 34 条人生方向   039

第 ❷ 章　做成一件事的最小周期是 3 个月　　045

所有事都是一件事	047
当有一件事是你必须做的，那就努力把它做好	048
做成一件事的最小周期是 3 个月	049
做可能比别人优秀 100 倍的事	050
少想"为什么"，多想"怎么做"	053
做事的捷径	056
失败不是成功之母，成功才是成功之母	058
一起卷一起惨，你不卷你更惨	061
时间管理的奥义，是提高投入产出比	065
如何告别忙乱	068
碌碌无为的人，往往有非常糟糕的学习习惯	070
不用担心，眼高手低是常态	073
所谓没时间，就是不重要	074
简单粗暴的真谛	075
你要非常努力，才会觉得天赋重要	077
你不可能不犯任何错误就把事情做好	079
有些人要的不是方法，而是魔法	081
努力的人，运气总是会更好一些	084
鲆叔语录：把事情做好的 22 个秘诀	**086**

第 3 章　永远没有"准备好了"这件事　091

何谓自我提升　094

做终身的学习者　096

活得简单点　099

这个世界并不是非黑即白　101

读书人最大的问题是，以为这个世界是讲道理的　102

不要美化任何一条你没有走过的道路　104

没有比判断是非更容易的事了　106

多一点逆向思维　108

万物都有代价　110

降低对他人的期望值　111

想点有用的　112

人类对改变的痛苦，仅次于死亡　113

要有承认自己是受害者的勇气，但不要有受害者心态　116

用更高的智慧指引当下的生活　118

大脑是用来思考的，不是用来记忆的　120

优秀是一种习惯　121

习惯用"上位"的思维思考问题　123

喜欢和擅长，都是可以培养的　124

鲱叔语录：内心坚定的 22 条准则　126

第4章　多赚点钱，三观都会变　　　　　　　131

赚钱是最好的修行　　　　　　　　　　　　133
如果你觉得别人在制造焦虑，那就说明你真的很焦虑　138
工资，只是让你比破产强了一点点　　　　　139
你的问题只是因为钱赚得不够　　　　　　　141
怎样在 3 个月内成为内行　　　　　　　　　144
投资给自己，才是最好的投资　　　　　　　146
我的职场逻辑　　　　　　　　　　　　　　148
做给自己打工的打工人　　　　　　　　　　151
打工人怎样保持良好心态　　　　　　　　　154
好工作不是面试来的，要想办法开外挂　　　156
35 岁之后，就不应该再投简历找工作了　　　158
找工作很难，你该怎么办　　　　　　　　　160
老板可能是你此生最大的贵人　　　　　　　162
老板喜欢什么样的员工　　　　　　　　　　164
不要随便辞职创业　　　　　　　　　　　　166
不要再幻想安稳的工作了　　　　　　　　　170
怎样才能升职加薪　　　　　　　　　　　　172
你的薪水要配得上你的能力　　　　　　　　175
鲆叔语录：给打工人的 18 条建议　　　　　　177

第 5 章　跟更优秀的人一起走　　　181

怎样找到牛人并与之同行　　　183

你是什么样的人，就会吸引什么样的人　　　189

别人怎样对你，是你允许的　　　190

熟人使人落后　　　192

你为什么遇不上贵人　　　194

考量人品，才能选对人　　　196

盛名之下无虚士　　　198

人脉重要还是能力重要　　　202

良好的沟通，可以解决 80% 以上的问题　　　203

刀子嘴就是刀子心　　　207

做人的底线，是不要损人不利己　　　209

"劝分不劝合"的人生真相　　　211

无所谓平等，只是合作与博弈　　　213

随手帮人，少沾因果　　　215

被人质疑怎么办　　　219

不合群的勇气　　　221

我为什么极度讨厌争论呢　　　223

跟你没关系，才是真正的方向　　　225

鲆叔语录：31 个干净清爽的人际关系的关键　　　227

第 6 章　好好爱自己　　　　　　　　　　233

好的爱人和糟糕的爱人　　　　　　　　　235

做一个以自我为中心的人　　　　　　　　236

温和的不婚不育主义者　　　　　　　　　238

30 岁以后，就不应该再抱怨原生家庭了　　240

零基础做父母，先从不做错开始　　　　　242

如果有来世，妈妈，请您做我的女儿　　　244

首先是人，其次是女人，最后才是母亲　　248

糟糕的父母是如何控制孩子的　　　　　　250

怎样跟糟糕的父母相处　　　　　　　　　253

跟父母相处的关键，在于明确边界　　　　257

不听老人言，快活很多年　　　　　　　　262

有了女儿，我才陪伴自己重新成长　　　　264

爱情就像两人三足游戏　　　　　　　　　269

你要的不是更好的亲密关系，而是更好的人生　273

我给女儿的三条人生建议　　　　　　　　276

鲆叔语录：18 个走出原生家庭的方法　　　278

跋　你可以拥有更好的人生　　　　　　　　281

逆光

袭

» 第 ❶ 章

逆袭是一种能力

拥有多少财富，是由多个因素决定的。但你不能就此认为，努力是无用的。不跟别人比，跟自己比，足够努力，总是能改变一些命运。

一个人有强大的学习力和行动力，愿意付出更多的努力，相信自己可以改变命运，他就能拥有更多的财富。如果他的运气再好一点，恰好吃到了时代红利，他就能拥有更多。

我起点很低，各方面条件加一起，连及格都勉强。

我只是一直在努力，抓住每一个能抓住的机会，把能做的事情做到极致。在每一个领域，都尽可能让自己成为专家。由此，看到更大的世界，得到更多的资源。最终过自己想要的生活，成为自己想要成为的人。

如果我可以，你应该也可以。

V
逆袭并不难，你其实可以学会

一

你们知道，我小时候在农村，当时的很多事，现在的人可能都是无法想象的。

我五六岁就下地干农活儿，还要打猪草，喂鸡，喂兔子。我在一篇博文里写过，当时几乎所有的农活儿，都像是酷刑。

整个冬天，我们都是不洗澡的——洗脚都很少。一双袜子穿整个冬天，穿到可以粘到墙上。只有在过年时才去洗一次澡。

15岁之前，我都没有刷过牙。直到我考上中专，去住校，才有了人生第一套牙具。

我在村办小学、初中读书，那里的办学质量差到什么程度呢？经常一届学生没有一个考上高中，"推光头"。我在读初三时，竟然有半年没有英语老师。后来学校找了个高中生来对付教学。

当时我拼命读书，因为我知道，如果我不能考上学，我可能就要一辈子待在农村了。

后来我考上了中专，这算是我人生的第一次逆袭。

二

18岁，中专毕业后，我被分配到一所山村小学教书。

那学校什么样呢？你看过希望小学的宣传照片吧，对，就是那样。

学校里只有我一个公办老师，放学后，其他老师都回家了，校园里就只有我一个人。那里没有电话，没有电视，没有朋友，没有人。

我只能多读书，多写作，然后在报刊上发一些文章，后来被借调到乡政府，写材料。这算是我人生的第二次逆袭。

三

我32岁才离开体制和小城，去北京。当时月薪3000元，比刚毕业的大学生都低。

当时我就有个梦想：未来我要自己创业，找个别墅当办公室。

员工在一楼办公，我住三楼，二楼是会客厅和健身房。要有个院子，院子里要有棵大树，树下有个鱼池，养锦鲤和金鱼。

　　我要终日穿短裤、拖鞋，在树荫下，看书，玩手机，喂鱼，浇花，虚度半日。

　　不社交，不应酬，几乎不出门，别人上门找我，也得在规定时段来才行。我要非常自由，说走就走。

　　创业是为了提升幸福感。

　　这就是我现在正在过的生活。

　　我跳了几次槽，后来开始创业，一帆风顺过，也遭遇过困难和坎坷，最后走到现在。

　　一个人要过上自己理想的生活，很难吗？大概，也就需要十年，可能会更短。

　　关键是，你要明确知道自己要什么，然后，为之努力。

四

　　不管你出身有多低，你的人生，都可以一步一步地往上走。

　　所谓逆袭，不是说你本来是打工人，突然就达成了一个小目标。

　　而是说，你把能做的事做到最好，再把握新的机会。

　　每做好一件事，就是给自己建筑一级台阶，它可以让你向上一步，看到更远的未来。

逆袭是一个过程,你可以不断向上,不断突破圈层。

有人说这个时代阶层已经固化,年轻人再没有任何机会。其实不是这样的。任何一个时代,努力的人都会有更多机会。

五

这个时代由于新技术层出不穷,普通人更容易实现逆袭。

微博刚兴起的时代,我是出版类别博主排名第一,配合《畅销书浅规则》系列,获得了出版专家的身份。这个身份对我后来创业帮助极大。

微信时代,我策划出版了《微信营销108招》,做了微商文案运营,进入了更大的生意圈。

短视频兴起,我用半年时间测试短视频带货,开始做短视频带货训练营。有几百位学员,实现月赚几万元甚至十几万元的目标。

每一次新技术的出现,都是时代的红利,都是给一批人弯道超车的机会,都是给普通人逆袭的机会。

逆袭并不难,你可以学会。

至暗时刻，你就是自己的光

之前说过，我人生中的至暗时刻，是 2019 年。

这一年，我妈妈患肠癌，我岳母患胆囊癌，先后去世。我和老婆轮番往老家跑。2000 多千米，当时还不通飞机和高铁。两位老人的生活费、医疗费、丧葬费都是我出的。又要应对复杂的关系，心力交瘁。几乎每回一趟老家，都要大病一场。

我养了 10 年的狗，肛门腺脓肿，穿孔，不停地漏出恶臭的液体，瘦成了一把骨头。医生不敢给它动手术，建议我放弃。我几次动了给它安乐死的念头，终究还是没忍心。

一直运营良好、很赚钱的一个项目，整个行业遭遇雪崩，外欠货款有 400 多万元收不回来；之前投给朋友的另一个项目，也花了 300 多万元，朋友不仅不给钱，连账目也不给。

其实不止这些，还有些不方便公开说了。

一

我在这一年,头发白了三分之一,脸上全是痘,胖了快30斤,整个人都浮肿了。这一年,几乎每天睁开眼,就在焦虑到哪里找钱。近200万元额度的信用卡全部刷空,要靠几张卡倒来倒去维持。最困难的时候,去跟一个同样在至暗时刻的朋友聊天。我说:"西哥,凭你我的能力,如果把公司关掉,自己单打独斗,一个月赚10万元应该没问题吧?"西哥说:"没问题。"我说:"我也觉得没问题。那就不怕了。"——我从来没有这样无助过,也从来没有这样强大过。

二

我的狗病了大半年,肛门每天都在漏液,臭不可闻。医生不敢给它动手术。我每天用盐水给它洗,再厚涂红霉素软膏。后来它居然好了。它今年已经14岁了,还是很活泼健康。

2019年,还写完并出版了《多赚一倍》,我白手创业的经验和教训,我先后做过的1000多个创业个案咨询的心得,都写在里面了。这个系列,现在已经出版了6本。我的计划是出够10本。

2019年,没有辞退一个员工,工资照样按时发放,该加薪的照常加薪。没有拖欠合作伙伴的货款。有一些欠债，都一一打招呼：如果你不急用，我就晚点还，算是帮衬我。如果你急用，提前一周打招呼，保证还。朋友都在尽量帮我，包括提前结算，允许抵扣，不需要预付款，等等。无比感激。

三

欠我钱也不肯给我账目的那个"朋友"，一直扯皮到去年，我最终决定用法律的方式解决。官司打了大半年，赢了。没执行到什么钱，我认了。我吸取了教训，不再乱投资，不再做大库存、长账期、高风险的生意，基本只做现金流良好的，做先收钱后做事的，这样生意也越做越轻松了。

2021年年底，还完了所有欠款，无债一身轻。给员工普调了一次工资，新增了一些福利，承诺他们：最多两年，薪水翻番。

四

2019年年底，我写下这样一段话：兵荒马乱，焦头烂额，内忧外患。2019年赶快过去吧，我不怀念。

2021年年底，我写的是：接受不确定性，接受变化，接受挫折和失败，接受半途而废，接受从头再来。不恐惧，不抱怨，不后悔，坦然接受一切。内心坚定，无所畏惧。

五

人生总有至暗时刻，看不到一丝光时，你自己就是自己的光。 在无边黑暗中，向前多走一步，就可能离光明更近一步。没有退路，只能咬着牙往前走。不管怎样，只要还活着就好。活着就有希望。再艰难的日子，也总会过去。"至穷不过讨口，不死总得出头。"有一天回头看时，万千感慨，最终也只是说一句：都过去了。

Ⅴ
当你穿越过了暴风雨，你早已不再是原来的那个人

有人问：该怎样走出人生的至暗时刻？

没有什么好办法，就是咬着牙苦撑。

1. 承认现实

停止幻想。没有人能救你，你只能自救。你要为自己负责。抱怨、甩锅都没有用。

2. 认真做事

胡思乱想，越想越焦虑，越想越绝望。认真做事，沉浸其中，可以忘忧。起码可以短暂忘忧。

3. 努力赚钱

如果你有欠债，还债的唯一办法就是赚到钱。努力赚钱，想尽一切办法赚钱。

4. 接纳自己

允许自己偶尔软弱，偶尔崩溃。相信自己。不苛责自己。

5. 寻求帮助

向亲友、爱人、合伙人、债权人说明情况，寻求他们的帮助。态度要诚恳，给他们看到你的努力、规划和信心。

6. 保持运动

运动可以减轻压力。同时扛过至暗时刻，也需要你有好的身体。起码保持早晚各快走半个小时。

7. 不断学习

在至暗时刻，需要急功近利地学习。学习是为了解决问题。需要什么就学什么。

最后，附上村上春树在《海边的卡夫卡》中的一段话：

"暴风雨结束后，你不会记得自己是怎样活下来的，你甚至不能确定，暴风雨是否真的结束了。但有一件事是确定的，当你穿越过了暴风雨，你早已不再是原来的那个人。"

Ⅴ
一辈子等于十辈子

忽然有一个感慨：我这一辈子，大概等于普通人的十辈子。

我跨过很多领域，走过很多地方，看过很多风景，做过很多事，见过很多人。有贵人帮过我，我也帮过很多人。我遇到过很多欺骗、辜负、背叛，曾经伤心、愤怒，后来也都释然。

人生啊，就像一条长长的路，总会有一些人跟你同行，但有人走得快些，有人走得慢些；有人在这个路口向左，有人在那个路口向右；有人在你疲累时会扶着你，也有人会突然反目，抢走你仅有的水和干粮；有人知恩图报，也有人在你把他从烂泥塘里拉出来时，却突然捅你一刀。

太阳底下无新事。在路上，这些事，每天都在发生。

"谁没有一些刻骨铭心事……谁没有一些旧恨心魔。"

生命里的人来来往往，很少能有人一直陪着你走下去。你最终也只能，笑看风云。

∨
如果你没有生在罗马

条条大路通罗马，有人生下来就在罗马。没生在罗马的人，能有什么办法呢？

一

我出生在 28 线小城的农村，父母和家族没有给我任何资源和人脉，应该也没有提供任何智力支持。

我父亲给我的人生建议，几乎都是错的。我听一次，就掉一个坑。

我的人生路，是靠自己一步步走出来的。

我今所有，一砖一瓦，一个沙发，一个小板凳，都是我自己靠努力换来的。

二

初中时我们班有三四十个同学,只有两个考上学,一个高中,一个中专。考上中专的那个人就是我。

——我的初中同学,现在基本都在家种地。

中专毕业后,我被分配到一所山村小学教书,在同学里我的待遇是最差的。几年后,我因为发表了一些文章,进了政府单位。

——我的中专同学,我在学校时的同事,现在基本都还在小学教书。

我在机关待了10年,28岁开始写第一个专栏,32岁正式出版了第一本书。也是在这一年,因为这本书,我离开体制和小城,去了北京。

——我在机关的同事,有个别走上领导岗位,但大多数都还是普通的公务员。

在北京,从32岁到39岁,我跳了6次槽,做了好几份兼职,涉足七八个行业,出了十几本书,在出版培训领域做到第一。然后辞职,开始白手创业。

——我的前同事有三四百个,出了几个大牛,但大部分都还是普通的打工人。

今年是我创业的第九年。我犯过很多错误,比未创业前犯的所有错误加一起再乘以五都多。有几次差点儿把公司搞垮。最后还是活下来了。

——我认识一些让我望尘莫及的牛人,但跟我同期创业、条件跟我差不多的人相比,我还是比绝大多数人做得好一些。我也相信,我可以做得更好。

三

我从前想要的,现在基本都得到了,而且大部分超出预期。

条条大路通罗马,有人生下来就在罗马。

没生在罗马的人,能有什么办法呢?

更加努力罢了。

恐惧无用,抱怨无用,求共情无用。

当然抬杠更无用。

不要把仅有的智商浪费在为自己的失败找理由上。

有这工夫,多去做事。

以及"想点有用的"。

"永远坚定,永远热情,永远有不怕挫折和失败的勇气。像推土机一样粉碎一切障碍,隆隆前行。"

V

如何找到生命里的贵人

讲讲我自己的切身经历吧!

一

20年前，我在老家，一个28线小城，社交圈很小。

当时我在泡一个写作论坛，只要有文友出了书，我就主动去给人写一篇书评，然后找几家报纸发表，再把样报寄给人家。也没写多少，陆陆续续，写了四五十篇吧。

这些文友有几位在北京，后来我离开小城和体制去北京，他们就带我参加一个饭局，把我介绍给专栏负责人，带我认识几个大佬。

我就这样在北京慢慢扎下了根，有些人甚至现在还在合作。

他们都是我的贵人。

二

2007年我去北京，第二年裸辞，有两个月没找到工作，差一点儿想回老家了。这时有个朋友给我介绍了一个杂志社的副总编，让我给杂志社写稿。

我就专门去了一趟杂志社，副总编给我讲了讲杂志栏目的设定和用稿需求，我就开始写稿，稿子通过了。

这时我发现副总编经常在QQ签名上找各种人，主要是我的采访对象，我只要看到，就去问其他熟人，包括几个QQ群，基本很快就能找到，然后主动告诉副总编。

某一天，我看到副总编QQ签名是招聘编辑，我就直接问："我是否可以？"

副总编第二天下午才回复我，让我去见总编。跟总编谈了半个小时，我就直接去办入职了。

后来我看到杂志社的招聘条件，一共七条还是八条，学历、外语水平、编辑经历等，大部分我都不符合。

如果走正常的面试招聘，我第一轮就会被刷下来。

这个杂志社的工作经历，成为我后来工作的重要跳板。

这位副总编，是我的贵人。

三

2014年我辞职创业，开始做的是出版。

我当时的定位是，不做文艺书，要做各个行业的大佬的书。

不止于书，还要跟作者深度沟通、交流，帮他们做完整的营销方案、盈利模式。这些都是附加的服务，却是有别于其他出版人的，特别重要而有价值的部分。

这个过程，也是让我了解更多行业、结识更多人脉、不断开阔眼界、不断成长的过程。

我本来是个写作者转型的媒体人、出版人、营销人，做了几年书，对于电商、微商、跨境电商、知识付费、社群、会销、实体店、流量、自媒体、短视频带货等各个行业都有了了解，然后就开始尝试做更多事情。

我做什么，相关作者也都愿意帮我。

现在我已经基本不做书了，但做书给我带来的收益巨大，让我有了更多的贵人。

四

综上，我这样一个出身很差，没读过什么书的人，是怎样找到贵人，并让贵人愿意帮我的呢？

无非两点：

首先，自己要有价值。

贵人帮你，是锦上添花。你得先有那锦才行。

其次，主动为人提供价值。

之前说过，养成随手帮人不求回报的习惯，就像随手撒播种子，总有一些会发芽。

五

贵人为什么要帮你？

这个问题不如替换为：

你能为贵人提供什么价值？

你为贵人提供了什么价值？

经济价值、情绪价值、数据价值、客户见证价值、解决问题的价值……这些都是价值。

你能为贵人提供的价值越多、越重要，贵人就越愿意帮你。

别人帮你，是人情；不帮，是本分。

你要习惯主动付出不求回报，永远让人"欠着你"，那样就会有越来越多的人愿意帮你。

你如果总想占便宜，别人就会远离你。

∨ 怎样白手起家，赚到人生第一个 100 万元

我有过几次"从 0 开始，年赚 100 万元"的经历。

第一次，是我刚离职创业，开了一家出版公司，策划出版了几本书，其中有本《微信营销 108 招》，卖得特别好，连续躺赚两年，每年都赚 100 多万元。

第二次，是 2016 年，我去做微商文案培训，4 个月赚了 200 万元。

这两次，都是开始没有规划，也没有目标，糊里糊涂就赚到了。然后我就很膨胀，觉得自己英明神武，于是去瞎做了很多事，反倒赔了一些钱。

有过成功和失败的经历之后，我就开始明白"年赚百万"的逻辑了。又做了几个项目，都能比较容易地从"0"做到 100 万。于是又努力做到更多。

赚 10 万元有赚 10 万元的逻辑，赚 100 万元有赚 100 万元的逻辑。你不可能用赚 10 万元的思维模式去赚 100 万元，但没有赚

10万元的积累，你也不可能赚到100万元。

但我可以肯定的是，年赚100万元、1000万元，其实都不需要什么资源、人脉，甚至不需要多少本金。

关键就是三点：第一，找到一个市场需求；第二，生产满足需求的差异化产品；第三，低成本解决流量问题。

以我当年做微商文案培训为例：当时很多人都在做微商，但是都不会写文案，这就是市场需求；然后我做微商文案培训，这就是差异化产品；因为出版《微信营销108招》，我微信上沉淀了几千个读者粉丝，大部分是做微商的，这就是低成本流量。

再以短视频带货训练营为例：大家都想做兼职或宅在家里赚到钱，这就是市场需求；我做短视频带货训练营，面对小白市场，这就是差异化产品；我微博120万粉丝，年度阅读量16亿，这就是低成本流量。

没有什么能决定命运

一

很多事,都是"多因一果"的。

不是说你做了什么就一定能成,而是说你做了什么,成的概率会大一些。

选择、努力、能力、资源、时间、天气、政策……都是因。

城门失火,殃及池鱼。火不是鱼放的,但鱼跟着倒霉。

更多努力,可以让结果向自己想要的方向倾斜。但你能得到自己想要的结果,还是因为运气好。

有很多"因",都是不可知、不可测、不可控的。

你只能做好自己能做的部分。然后,坦然接受"果"。

我得到的都是侥幸啊,我失去的都是人生。

二

我是谁？

我是一切因果的总和。我是一切偶然和必然的结果。

我是我读过的书，走过的路，爱过和恨过的人，欢笑和悲伤过的日子。

我得到的一切是我。我失去的一切是我。我奔赴的一切是我。我逃离的一切是我。我憧憬的一切是我。我痛恨的一切是我。

我看到的我是我。我隐藏的我是我。欺骗我的我还是我。

天真热切的是我。老于世故的是我。理性温和的是我。急躁狂暴的是我。勇猛精进的是我。软弱疲惫的还是我。我有108重人格，每一重皆是我。

我是命运随手掷下的骰子，也是我在人生的无数个十字路口，一次又一次的选择。

我是一切因果的总和。少沾因果，更多纯粹，更多自由；多沾因果，更多体验，更多收获。我努力选择因果，而不是让因果选择我。

我是我人生的编剧、导演和主演。

我使我成为我。

我可以成为更好的我。

三

维泰利在《零极限》一书中写道:"发生在你生命中的事,不是你的错,但是你的责任。"

这段话正好可以用来解释,什么叫"我是一切的根源"。

有人把这句话理解为"千错万错都是我的错",其实是错的。

正确的理解是,"一切都可因我而改变"。

不需要认错,不需要忏悔,不需要攻击自己;

只需要明白,该怎样去做,然后马上去做。

其实就是两点:

1. 不是你的错。

2. 你可以改变。

四

没有什么能"决定"命运。

命运是典型的"多因一果",而且是恒河沙数的"因",导致一个"果"。

这些"因",包括你的出身,你的城市,你的父母,你的亲戚,你的朋友,你的学校,你的老师,你的同学,你的同事,你的爱人,你的孩子,你养的宠物;

包括你的性格，你的情商，你的学识，你的努力，你的格局，你的三观；

包括你读过的书，走过的路，遇见的人，赚到的钱，做出的选择与决定；

包括你写的微博，拍的视频，看到热搜的反应，对待网络上汹涌恶意的态度；

包括你的自察和自省，包括你对命运的思考，包括你看到这本书，这篇文章的感受；

包括你对世界的态度，对工作的态度，对朋友的态度，对金钱的态度，对成功者和失败者的态度；

包括一场突如其来的大雨，包括十万八千里外的一次海啸，甚至一个你完全不认识的人的生活没过好，都可能会影响你的命运。

你观察命运时，命运就开始发生变化。在时间的此岸，你向彼岸的命运投去怯懦的一眼，命运也会受到影响，坍塌成一团混沌。

没有谁能完全把握命运。试图"扼住命运咽喉"的人，最终也被命运打败，化为一具枯骨。

命运是无数个偶然。努力的人，理性的人，会一点一点给它增加必然。这已经非常难能可贵了。

Ⅴ
时代抛弃你的时候，连个招呼都不会打

你并没有犯什么错，甚至比以前做得还好，但你还是被时代抛弃了。

一

20 年前，我还在小城，月薪 500 元出头，但是给杂志和报纸写稿，一个月能有 5000 多元收入，日子过得很滋润了。我的第一套房，就是用稿费买的。

不过十来年光景，媒体越来越不景气，终于大批倒闭，我想当年一起写作的朋友，大部分已经停手不写了吧。

你并没有犯什么错，甚至比以前做得还好，但你还是被时代抛弃了。

二

时代抛弃你的时候，连个招呼都不会打。

想跟老一辈人一样，有一个单位，努力工作，就能升职加薪，安稳过完一生，基本是不可能了；指望学会一门手艺，就能"一招鲜，吃遍天"，一辈子衣食无忧，基本是痴心妄想。

我们需要做终身学习者，不断提升自己、改变自己，才能勉强赶上时代的步伐。

三

没有一劳永逸的选择。

你需要骑驴找马，一边上班一边做一份副业，努力一点，多赚点钱，多一份保障，做好突然失业的心理准备；

你需要未雨绸缪，一边运营赚钱的项目，一边寻找新的机会，做好随时被清零、从头再来的心理准备；

你需要不断接触新鲜事物，不断学习进步，不断调整方向，不断进入新领域，不断测试复盘，不断解决新的问题。

四

时代发展的速度，比大多数人进步的速度，要快得多，而且越来越快。

每一天，都会有无数人，被时代无情抛弃，再也没有任何希望。

时代抛弃你的时候，连个招呼都不会打。

躺平，抱怨，求理解，求同情，都没有用。

唯一有用的，是更加努力，拼命奔跑，争取赶上时代的步伐。

放下幻想，认清现实

一

我女儿还在读大学时，跟我聊过她的某个同学：

每到假期就回国，去大厂实习，等到毕业，肯定会有非常好看的履历，很容易进大厂。

我嘻嘻哈哈地问她："你要不要也去刷履历？"

她也笑着说："我才不要。我要自己创业。"

二

她还在读大学时，就已经测过几个创业项目，后来一边读书，一边先后开了两家宠物店。

她自己养猫养狗，带着狗去店里，一边撸自己家的狗和别人家的狗，一边赚钱。做自己喜欢的事，还能赚到钱，是一件开心的事。

收入肯定比大部分刚进大厂的人高，未来也还是会超过大部分打工人——包括在大厂的打工人和普通的管理者。

我们前几天打视频，我提醒她要认真做短视频，可以重点研究 TikTok。因为实体店只能做周边生意，天花板很明显，而且会受诸多影响。但是做互联网生意，特别是流量生意，完全可以做到无风险，小而美，前途无量。也说到读研和移民。我说你读研不重要，移民也不重要，赚钱才重要。

花点心思琢磨怎样赚钱。我是白手起家，自己摸索，40 岁以后才做到年赚百万的。你可以少走弯路，应该在 20 多岁就达到这个目标。然后你就能看到更大的世界，会有更多选择。你想读研，随时可以去读。

三

很多人并没有意识到，教育已经不再是"优质"的投资，而是日渐成为"奢侈品消费"。

大众的思维还是要努力读书，进好大学，考研读博士，有个好学历，找个好工作。最好是进大厂、进体制内、做教职工。

但这条路，其实已经卷到极致，而且越来越卷。社会层面，已经不能给高学历人士提供足够的岗位了。就算能找到一份像样的工作，也别指望就能做到天长地久。

这个时代的变数太多了。千军万马过独木桥时，你最好选择另外的路。

你完全可以走不同的路。

四

我说过很多遍：就不要再幻想读个好大学就一定有好工作了，就不要再幻想能做一辈子的稳定的工作了。

你必须面对不确定性，面对变化。你可能会找不到工作、可能被降薪、可能随时失业。

放下幻想，认清现实，早做打算。干好主业，研究副业，拥有不依靠任何组织，能独立赚钱的能力。

这才是真正的"铁饭碗"，甚至可以说是"金饭碗"。

五

前文说的那位，每到假期就去大厂刷简历的同学，有非常优异的成绩，非常好看的履历，但最终也没能进大厂。

∨
弱者才会抱怨，强者只会接受

一

世界上有两种人：一种是强者，另一种是弱者。

强者找方法，弱者找理由；

强者解决问题，弱者怨天尤人；

强者百折不挠，弱者一蹶不振；

强者不断开拓进取，弱者一直待在舒适区；

强者追求更远大的目标，弱者只盯着眼前的利益。

你是强者，还是弱者？

二

在我还很弱小时，我以为只要我强大了，就不必忍受不公，不必再受委屈。

但当我变得强大，我才发现，你越强大，就越需要面对更多的不公和委屈。

只是你已经有足够的能量，去承受这些。

命运从来不会只给你想要的。好的和坏的总是结伴而来，你喜欢的和你讨厌的总是紧紧纠缠。玫瑰花不仅带刺，花柄也会化为利剑刺入胸膛。

弱者才会抱怨，强者只会接受，然后前行。

V
乐观的悲观主义者

我这几年，经常会说 3 个字：没办法。

我说过，我是一个乐观的悲观主义者。

悲观就是，我知道很多事，是真的没有办法，生老病死、怨憎会、爱别离、求不得，原生家庭、社会不公，这些都是没办法。

乐观是因为，我知道事情还没有到最坏的地步，而且一个人更努力一些，总能让自己过得好一些。

要改变社会很难，可能需要几年、几十年。但要提升自己，就容易得多。

大环境不好，也一样有人可以赚到很多钱，过得很好。你要努力成为这种人。

想点有用的，做点有用的。没办法的事，认了。努力提升自己，而不是把自己等同于群体，以受害者自居，自怨自艾，怨天尤人。

很多事都没办法，但是你有办法让自己变得更好。

∨
超过 80% 的人，其实很容易

想比行业内 80% 的人优秀，其实很容易。因为大多数人都是又蠢又懒，不思进取的。

你只需要有中等智商，肯学习，有行动力，愿意持续地付出时间和精力，坚持一两年，半年，甚至 3 个月，也就够了。

做好一件事的最小周期是 3 个月。3 个月时间，全身心投入做一件事，向有结果的人学习，投入足够的时间和精力，除了吃饭、睡觉和运动，其他时间全部用来做这件事，基本就能超过 80% 的人了。

大部分人是无法在没有正反馈的情况下，坚持 3 个月的。你坚持去做，就能超过他们。

但是你想再进一步，做到比大多数优秀者更优秀，做到 1%，甚至 0.1%，这就很难了，真的是需要拼综合实力了。

出身，资源，人脉，圈子，更长时间的积累，有没有贵人相帮，甚至个人的性格、情商，以及"大势所趋"，运气。

V
有些你以为烂俗的鸡汤，其实是人生至理

61岁的杨紫琼，成为奥斯卡首位华裔影后。

她在颁奖典礼上发言，说："要勇敢去梦，梦想是会成真的。"

有人酸杨紫琼，说她出身豪门，讲的都是鸡汤，对普通人没有意义。

可是你看，出身豪门的人有很多，杨紫琼却只有一个。

出身底层，一路逆袭的人也有不少，为什么你不是其中之一呢？

有些你以为烂俗的鸡汤，其实是人生至理。你不相信，只是因为你做不到。

我们承认人人生而不平等，但我们更要承认，不断向上的人生，一定需要付出常人难以想象的努力，忍受常人难以忍受的艰辛。

有人站在山脚，有人站在山腰，但只要是往上爬，都是一样辛苦的。

没有人能够随随便便成功。这就是最朴素的鸡汤，接近于"道"。

老子说："上士闻道，勤而行之；中士闻道，若存若亡；下士闻道，大笑之。不笑不足以为道。"

成功者会更尊重成功者。失败者则会觉得别人成功只是因为出身好、运气好。

失败者不这样麻醉自己，怎样面对失败的人生呢？

鲆叔语录

我的逆袭之路的 34 条人生方向

1. 个体的独立、自由、边界，优于宏大叙事，优于各种主义，优于亲密关系以及一切人际关系。

2. 不可牺牲别人成全自己的大义。

3. 人命大过天。除了法律，没有人有权剥夺他人生命。

4. 懂得人际关系的边界。

5. 己所不欲，勿施于人；己所欲，也勿施于人。

6. 不要试图拯救别人。有求才应，不求不应。

7. 接纳不同的生活方式。须知参差多态，才是幸福本源。

8. 在表达观点时，尽可能做到"理性、温和、清晰"。别太情绪化，不要带攻击性，不要口吐芬芳。

9. 不可标榜自己"客观、理性、正确"。鲆叔一直很主观，从来不客观，但主观也可以理性而温和。

10. 人人有权争名利，无人有权断是非。

11. 确定这个世界上存在完全相反的正确。

12. 君子和而不同。没有人能跟你完全一致。

13. 与人为善，不处处树敌。跟你观点不完全一致的人，并不就是你的敌人。

14. 不说服，不纠缠，不求理解。

15. 离开让你不爽的人，跟三观相合的人聚集。一言不合就拉黑，乃人生快乐之本。

16. 不站队，不党，不朋。做自己。尊重自己的内心。

17. 绝不为自己的粗鄙、愚蠢、无能、无教养找借口。

18. 要有承认自己是受害者的勇气，但不可有受害者心态。

19. 首先爱自己，然后爱家人，再去爱他人。

20. 力所能及，随手帮人，不求回报。但帮不了人时，也不必愧疚。

21. 永远善良，但不被善良绑架。

22. 相信盛名之下无虚士。不靠 diss 别人刷存在感。

23. 知道世界不完美，而且永远不可能绝对完美。愿意接受现实，愿意妥协、让步。

24. 崇尚个人奋斗。为自己负责。确认我之所以是我，主要由我自己决定。相信可以通过努力让自己变得更好。

25. 多赚点钱，可以解决人生的绝大多数问题。

26. 自食其力，自得其乐。

27. 内心坚定，无所畏惧。

28. 一个人要为自己负责，要食得咸鱼抵得渴。

29. 要做终身学习者，不断升级、迭代自己。

30. 要诚实、努力、靠谱、上进、利他。

31. 要有抓着自己的头发把自己从烂泥塘里拔出来的勇气和决心。

32. 要直面人生，不怕挫折，百折不挠。

33. 要走正道。不可害人。

34. 不可走捷径，不可不劳而获，不可突破底线，不可怨天尤人。

做广

> 第 ❷ 章 ○

做成一件事的最小周期是 3 个月

你把心思全用在做事上，自然会少胡思乱想，少内心剧情；

你把心思全用在做事上，自然没兴趣再跟烂事纠缠，跟烂人纠缠；

你把心思全用在做事上，自然会提高学习力、行动力和抗挫折力；

你把心思全用在做事上，自然能分清轻重缓急，越来越知道自己该做什么，不该做什么；

你把心思全用在做事上，自然会少抱怨，少推诿扯皮，越来越习惯为自己负责，行有不得，反求诸己；

你把心思全用在做事上，自然有足够回报，越来越富足，起码有足够的"fuck you money"。

你把心思全用在做事上，自然会减少无效社交，身边更多的是愿意做事、容易沟通的人；

你把心思全用在做事上，自然会进入心流状态，全神贯注，投入忘我，不知时间流逝，感觉充实而满足；

你把心思全用在做事上，自然内心坚定，无所畏惧。

认真做事，就是修行。

∨
所有事都是一件事

你可能有许多事要做，但你最好确保这些事都是一件事。否则你的精力就会过于分散，可能什么事也做不好。

我写了30多本书，我微博有100多万粉丝，我做了个小而强的公司，我培训了一两万人，95%的学员都是我自己招来的。

可以做到这些，是因为，所有事对我来说，都是一件事。

我每天都写微博，记下我的很多想法，这都成为我写书的素材。

大量写微博，让我有了很多粉丝，也让很多粉丝喜欢和信任我，卖书、卖课都很容易。

不断出书，也在抵达更多读者，进一步建立信任，促进转化。

销售做得好，公司有钱赚，管理就变得很简单。

所有事都是一件事。

找到所有事里最重要的、最提纲挈领的事，努力做好它。

Ⅴ
当有一件事是你必须做的，那就努力把它做好

十几年前，我靠码字为生，也经常有写稿写到想吐的时候。对策就是在电脑旁边放一沓钱，实在不想写时，就摸一摸，数一数。

是的，我是深度社恐与天生话痨的结合体，写作就是我最热爱也最擅长的事。但当热爱变成工作，还是经常会有摔键盘的冲动。

生而为人，哪能获得彻底的自由。你不喜欢的事，不得不去做；你喜欢的事，做太多了也会厌倦。

我其实并不喜欢赚钱，但这两年主要精力都用在赚钱上。我更不喜欢管理，但也花了很多精力去做管理。

没办法。当一件事是你必须做的，那就努力把它做好。

勤奋，专注，持之以恒。没有什么事是做不好的。

∨
做成一件事的最小周期是 3 个月

想做成一件事，最小周期是 3 个月。

但 80% 的人，都不可能在没有及时奖励的情况下坚持 3 个月。

换句话说，你只要坚持 3 个月，就超过了 80% 的人。

做成一件事，其实不需要什么天赋。

中等智商，正确的方法，长期坚持，几乎可以做成任何事。当然也包括赚钱。

中等智商，大部分人都有。天才和蠢人都是少数，大家都是普通人，智商都差不多。

正确的方法，其实也不难得到。买本书，报个课，请教高人，观察成功者怎样做事，躬身入局去做测试，都很容易得到方法。

长期坚持最难。做成任何一件事，都需要枯燥、重复的刻意练习，都需要投入足够的时间和精力，都需要熬过大量投入而没有结果的迷茫期。

能拉开人与人之间差距的，是日复一日的专注、努力和坚持。

∨
做可能比别人优秀 100 倍的事

一

20 多岁时,我在乡政府工作,月薪 500 多元。

有一天,有个比我大十来岁的同事,调资比别人少了 4 元。她就找领导,又找市财政局、人事局的人问原因,差不多有半年时间,天天在办公室里唠叨:"为什么我比别人少 4 元?"

我不由得毛骨悚然,又悲从中来。

第二年我开始努力写稿,大概用了一年时间,稿费收入稳定在每月四五千元,差不多是我月薪的 10 倍。

第三年,我就用稿费买了第一套房子。

二

我一直在跟别人说，你要去做可能比别人优秀 10 倍、100 倍的事情。

现身说法就是，如果我只是在乡政府上班，那我再努力，也不过能比同事早一年调资，多几十元，甚至可能像我那位同事一样，为了 4 元折腾半年。

但我去写稿，就可以比别人多赚 10 倍。

三

在选择一个行业时，如果你最多只能比别人优秀一两倍，这个行业就是不值得做的。

如果这个行业，你能比别人优秀 10 倍、100 倍甚至 1000 倍，那就值得你去做，值得你去全身心地投入。

举个例子，如果你是清洁工，你做得再好，能比其他人优秀多少？能比别人多赚多少？

如果你是个打工人，你再努力，能比别人优秀多少？薪水高出多少？

如果你在街上租个门面房，开个小商店，你做得再好，又能超过同行多少？

花十分、十二分心力，都没办法跟同行拉开太大距离，这样的事，都是不值得去做的。

四

我们应该做的，是通过努力，能比别人优秀 10 倍、100 倍甚至 1000 倍，能比从前的自己优秀 10 倍、100 倍甚至 1000 倍。

比如做自媒体。我的微博，2020 年从 4 万粉丝涨到 90 万粉丝，增加了 20 多倍；而同样做微博的人，很多粉丝不过几千、一两万。

再如短视频带货，有人一天赚个外卖钱就很开心，但也有人日赚几千元、几万元。

这就是值得做的。选择一个你可能比别人优秀 10 倍、100 倍甚至 1000 倍的赛道，不断努力，不断精进，最大化地发挥个人的价值。

选择正确的赛道，正确的方法，足够努力，就能不断超越别人，也超越自己。

Ⅴ
少想"为什么",多想"怎么做"

一

找原因没有用,找方法才有用。

但大脑会喜欢找原因,而非找方法。

"原因"是对事实的归因、解释,并不需要付诸行动和改变;"方法"则恰恰相反,它不需要解释,但需要付诸行动和改变。

大脑并不喜欢改变。人类对于改变的恐惧,可能仅次于死亡。

大脑甚至会欺骗你,让你误以为找到了原因,就等于解决了问题。

少想"为什么",多想"怎么做"。

二

我现在，越来越懒得跟人讲道理、辨是非。我只是简单粗暴地去做事，去研究怎样把事情做得更好。

不问"为什么"，不问"凭什么"，只想"怎么做"。

我不需要不相干的人理解我。不公平，受损失，被误解，被污蔑我都认了。都无所谓。解决问题、加速发展才是第一要务。

如果实在解决不了，我就当它不存在。继续往前走。

如此才能做到：内心坚定，无所畏惧。

三

想做什么事，马上去做，不需要考虑清楚每个细节，不需要想明白会面对哪些困难、怎样解决它。

以你当下的智慧和经验，没有办法穷尽未来的可能。低维打高维，几乎不可能打赢。

你必须在行动中成长，在行动中发现问题、解决问题。

考虑越多，行动力越差。

你只需要考虑清楚两点：它是不是我想要的？它最坏的结果是不是我可以承担的？

四

想得越多，内耗越大。只想不做，屁用没有。

想，都是问题；做，才是答案。

你在做事之前可能有一千个问题，开始行动后可能就只有关键的三五个，而且可能完全不是你事先以为的问题。关键的问题去一个个解决就好。

在你开始做事之前，你是做不好事的。先做起来再说。在恋爱中学习恋爱，在创业中学习创业。

去做才是王道。不会做没关系，硬着头皮去做。迈出第一步，第二步就容易多了。

永远没有"准备好了"这件事。想做什么，知道大概方向和方法，风险可控，就可以马上去做。一边做一边复盘，一边优化，一边寻找新的方向。

∨
做事的捷径

没有真正做过事的人,总是幻想会有捷径。

到底有没有捷径呢?勉强,也算有吧。

1. 少走弯路,就是捷径。

2. 不磨刀背,就是捷径。

3. 日拱一卒,不断精进,就是捷径。

4. 少臆想问题、多去行动,就是捷径。

5. 多去试错、复盘,就是捷径。

6. 在自己还不是内行时,听话照做,就是捷径。

7. 养成学习的习惯，做终身学习者，就是捷径。

8. 不批判比自己高明的人，就是捷径。

9. 马上行动，不拖延，就是捷径。

10. 把自己能做的事做到最好，就是捷径。

11. 用更高的智慧引领当下的生活，就是捷径。

12. 向有结果的人学习，就是捷径。

13. 多给自己的大脑投资，就是捷径。

14. 不玻璃心，闻过则喜，就是捷径。

15. 坚持做正确的事，然后交给时间，就是捷径。

∨
失败不是成功之母，成功才是成功之母

1. 我们从失败中得到的是教训，从成功中得到的才是经验。教训固然重要，但是经验比教训更重要。

2. 会做事的人，什么事都能做好，因为他有把事情做好的经验。

3. 把事情做好的底层逻辑，是相通的，可以迁移的。

4. 不会做事的人，什么事都做不好，因为他没有把事情做好的经验。

5. 从未成功的人，基本只会甩锅、抱怨、玻璃心、无能狂怒。你甚至不能教他做事，他会以为你在批评他，否定他，PUA 他。

6. 短视频带货训练营，我一直想拒绝那些一事无成的人加入。他们实在是太难教了。

7. 做过事的人，做成过事的人，特别是独立做成过事的人，教起来就容易得多，甚至你只要指个方向，他就可以做得很好。

8. 怎样才能把事情做好？拥有学习力、行动力、决断力、抗挫折力，做事专注、持续、优化、利他，学会拥抱不确定性，情绪稳定，承认现实，承认很多问题没有标准答案，只有最优解。

9. 我有不少学员月入几万元、十几万元甚至几十万元。这并不是我的功劳，我只是给了他们方向和方法，是他们自己，有成功的基因。

10. 成功是可以练习的。你去认真做好一件小事，就算是取得了一个小成功，有了一点成功的经验，再做其他事，就会容易做成。

11. 万涓为水，终究汇流成河。每一个小成功，都是在为大成功积累经验。你会从小成功走向大成功，从一个成功走向另一个成功。

12. 人生没有希望时该怎么办？努力做自己能做的事，努力把自己能做的事做好。这样你就有了成功的经验，也可以获得更多的机会。

∨
一起卷一起惨，你不卷你更惨

卷和内卷是不一样的。

卷是人类社会发展的动力。没有卷，就没有灿烂的现代文明。

我们，直立智人，是最能卷的。其他古人类，比如尼安德特人、丹尼索瓦人、山顶洞人，卷不过我们。

对，进化论就是卷。

所谓物竞天择，卷不过，就灭亡。

一

内卷是卷的一部分。没有增量的卷才是内卷。

你在大城市，更多的是卷，小地方更多的是内卷。

你做生意，找到蓝海项目，拼命卷自己就够了；但如果是红海，那就是内卷。

把蛋糕做得更大，是卷；蛋糕就这么大，更多人来分，那就是内卷。

要尽量做增量的卷，尽量少内卷。

二

哪怕是内卷，也是必须要做的。

整体来说，没有什么增量了；但对于个体来说，你更能卷，就能得到更多。

一起高考、考研、考公、升职，往往都是内卷。

就像那个古老的段子：

甲、乙两人登山，都穿着厚重的登山靴。快到山脚下时，遇到一只大老虎，甲马上脱掉登山靴，换上轻便的旅游鞋。

乙说："这会儿换鞋还有什么用呢？难道你能跑赢老虎？"

甲答："当前重要的不是跑赢老虎，我只要能跑赢你就行了。"

三

经验是，一个人只要找对了方向和方法，用 6 个月甚至更短的时间拼命卷自己，人生就会发生巨大改变。

不过，真没有几个人会这么干。

如果不是被逼，很多人连每天认真工作两三个小时都做不到。

短视频带货训练营，每天训练两小时，听话照做的人，保证出单。

有的人根本是连课都不听的。但也有学霸同学，是每天学习六七个小时，拼命卷自己。他很快就爆单了，赚了十几万元。

四

一个人在年轻的时候，应该有一两年时间拼命卷自己。

减少娱乐，减少社交。除了吃饭、睡觉、运动，其他时间都用来工作。

这样你的一年，就能抵得上普通人的 10 年。努力一两年，你的人生跟别人就完全不一样了。

甚至不要去谈恋爱。因为在层次低时谈的对象，未来大概率是配不上你的。

五

居然有人问我：卷不过别人怎么办？

过底层的生活呗，精打细算、抠抠搜搜地过一生呗，还能怎么办？

这个世界上有很多好东西，都是给卷王准备的，跟普通人无缘。

卷不过别人，就降低欲望，心平气和。抱怨没有用。

你要知道：在文明社会、太平年月，不能卷的人尚可温饱；如果在丛林社会、饥馑年代，不能卷的人很容易就丢了性命。

你已经够幸运了。

六

再说一遍：

社会进步、经济发展、优质服务甚至物种延续，都是卷的结果。

不要幻想不卷。

过去、现在、未来，都很卷。

没有增量时，就开始内卷。但你还是要去卷。

不卷的人，就会被淘汰。

所谓：

一起卷一起惨，你不卷你更惨。

时间管理的奥义，是提高投入产出比

时间管理的奥义是提高投入产出比，而不是为了多做事。

1. 可以想做很多事，但只去做少数事。

2. 做有价值的、重要的事。其他做不了的，就先扔一边，等有合适时机，或者有合适的人出现再做。

3. 对于公司来说，赚钱是最有价值的、最重要的事。

4. 创业者每天都要考虑两个问题：钱从哪里来？客户在哪里？然后投入足够的时间去做这两件事。

5. 一分钟就能做完的事，马上去做，不要拖延。

6. 紧急的事马上处理，但要避免很多紧急的事同时出现。

7. 做一件事，早期让人带着事走，要勇猛精进；事做起来后，让事推着人走，控制好速度和节奏，把握和调整方向。

8. 很多事都可以利用碎片化时间去做，比如读书和写作，再如蹲马桶时发一条微博，做一条短视频。

9. 在头脑清醒、精力充沛时处理重要的事。

10. 很多技能都是需要反复练习、刻意练习才能完全掌握的。不要怕枯燥重复，要投入足够的时间和精力。

11. 习惯多线程运营。可以同时处理几件事。

12. 请人做事，节约自己的时间。可以花钱请人做，可以不花钱请人做，也可以让人给你钱还帮你做。

13. 尽量跟优秀的人合作。沟通成本低，做事效率高，可以节约大量时间。要设计合作共赢模式，吸引优秀的人。

14. 不要在不相干的人和事上浪费时间。不要试图说服别人。没必要自证清白。

15. 承认失败，正视错误，接受损失，迅速放下，往前走。

Ⅴ
如何告别忙乱

1. 提高能力。你五年级时再做一年级的题，就没有困难且很高效了。

2. 如果必须同时做很多事，起码在某个时间段专注做一件事。专注才能高效。

3. 抓住重点，分清主次，不要"眉毛胡子一把抓"。

4. 不断做减法。少做点事，做自己喜欢的事，做重要的事。

5. 实在忙不过来，把最重要的事情做了，其他的随他去。

6. 有自知之明。知道哪些事是你做不好的，那就别做。

7. 自己做不好的事，性价比低的事，可以花钱请人来做，或者用资源来交换。

8. 一天内，不同时间段适合做不同的事，妥善分配时间，固定时间段做固定的事。

9. 与优秀的人合作。

10. 不要用假装很忙来刷存在感。假装多了，你就真的忙乱而低效。

11. 专注于事，而非人际关系。

12. 内心强大。不过敏，不猜测别人心思，不受委屈，不求同情和安慰。

13. 自己掌控时间，而不是被别人掌控。

14. 自己制定规则，让别人遵守。

15. 借助工具。

16. 热爱。

V
碌碌无为的人，往往有非常糟糕的学习习惯

大部分人之所以碌碌无为，是因为他们养成了非常糟糕的学习习惯。

一

你可以回忆一下，你在上学时，是怎样学习的？

老师要管着你，督促你，惩戒你；要有纪律，有检查，有考试，你才能勉强学点东西。

你早就习惯了跟老师斗智斗勇，习惯了糊弄老师，也糊弄自己。

你根本没有养成自主学习的习惯，没有享受过学习的乐趣。

你更加不习惯学以致用，因为你学习是为了应付考试啊，考完了，就把它忘掉了。

你一直在假装学习，这是你碌碌无为的根本原因。

二

这是一个飞速变化的时代，新东西层出不穷，我们每一天都在被时代淘汰。

一个飞速变化的时代，会不断奖赏擅长学习的人。

擅长学习，就能赶上时代的脚步，把落伍者甩在身后。

你把时间和精力花在哪里，是看得见的。你可以假装努力，但结果不会陪你演戏。

三

我做过很多培训，最头疼的就是：很多人都在假装学习，假装努力。

他们根本就不会去认真听课。我们在后台看听课数据，很明显，如果一个课程是 10 节课的话，通常过了第 4 节，就会有差不多三分之二的人不听了。

他们还会假装自己听课了，学习了。

有一次一个学员问我一个问题，我很疑惑："难道我没有讲吗？我应该讲过了啊，你有没有把课程认真听两遍？"

学员斩钉截铁地说："我听两遍了，课程里没有。"说得我都不自信了，以为自己的确没有讲。

给他答完疑，我还是有点困惑，就去翻了一下我的课件。不看不打紧，一看，鼻子都快气歪了：我不仅讲了这部分内容，而且做了PPT，用超大字体提示，简单粗暴，盲人在深夜里也应该一目了然，过目不忘！

这就是典型的糊弄：糊弄老师，糊弄自己。

四

如果你没有学习力和行动力，你是做不好任何事的。

你应该是一个能为自己负责的人，有内驱力的人，能自主学习的人。

你应该努力多赚点钱，往大里说，应该努力提升自己、改变命运。

你可以假装努力，但结果不会陪你演戏。

Ⅴ
不用担心，眼高手低是常态

眼高手低似乎是个贬义词，总是被用来批评人。

但我一直都眼高手低啊，不觉得这有什么问题。

眼高手低其实是人类的常态。

人之异于禽兽者，在于人类可以学习间接经验，不需要实践就可以获得知识和经验。

认知上去了，能力还没跟上，就是眼高手低，这很正常。

多刻意练习，多去做事，多解决问题，能力就提高了。能力提高了，眼界也随之开阔，学习的深度、广度、速度也会提升。

认知和能力互为因果，互相促进。我从未见过一个真正认知高的人，会是个什么事都做不了的废物。反过来也一样，很会做事的人，眼界一定不会太低。

正常来说，能力提高的速度，还是远远赶不上知识增长的速度。眼高手低是常态，眼低手高是非常态。根本不用担心。

怕的是，手低眼也低，就彻底完了。

Ⅴ
所谓没时间，就是不重要

有网友说：真的很想做副业，但是早上 10 点上班，晚上 9 点下班，大小周，一天通勤时间为 4 小时，真的没时间做。

这让我想起一件事：

10 年前，我出过一本书，《写字楼妖物志》。这本书很有意思，是我在地铁上，用手机写的。

当时我每天通勤时间也要 4 小时。在地铁上无聊，就拿手机出来写妖怪段子，发微博，两个月后，整理了一下，就出了本书。

这本书我拿了 1 万多元稿费。然后一些杂志转载，又有人邀请我开专栏，大概也赚了 1 万多元。

我在说什么呢？

所谓没时间，就是不重要。

如果你觉得这件事是重要的，非做不可的，你就是见缝插针，加班加点，不眠不休，也会去做，更要努力把它做好。

如果你说没时间，只能证明这件事对你来说还不够重要。

Ⅴ
简单粗暴的真谛

做人要简单粗暴。

内心坚定，无所畏惧。知道自己想要什么不想要什么。去追求自己的梦想，不在乎别人怎么看你，不被外物左右。

做事要简单粗暴。

做正确的事，做重要的事。把正确而重要的事情做好。不"眉毛胡子一把抓"。不在小事上浪费时间。

沟通要简单粗暴。

最高效的沟通，就是清晰简洁地说出心中所想，不要绕圈子，不要让人猜心思。

人际交往要简单粗暴。

跟自己喜欢的、有价值的人在一起，远离三观不合的人。一言不合就把别人拉黑，乃人生快乐之本。

做设计要简单粗暴。

突出核心卖点，去掉无用元素。不要为了设计感而设计。

所谓简单粗暴，就是抓住重点，直抵核心，提高效率。

就是承认现实，接受生命的不完美。

就是分清主次，不纠缠细枝末节。

V

你要非常努力,才会觉得天赋重要

一

我女儿 16 岁时,出版了一本书,《生于 1998:爱是青春最好的礼物》。

这本书很有趣,读者喜欢它的程度,远远超过我的所有书。

这本书出版后,她就出国留学,放飞自我,没有再写作了。

我开始还会催她两句,建议她趁热打铁,再写一本,她一直不当回事。后来我也就算了。

她当年写作,犹如雪夜访戴,乘兴而行,兴尽而返。她后来很忙,要读书考试,要养猫养狗,要游山玩水,还要创业开店,还要广交朋友,写作对她来说,并不是什么重要的事。

我尊重她的选择,只是偶尔还会替她惋惜:她其实比我更有写作才华,如果经过刻意练习,成就肯定远超过我。

要真正做好一件事,只有天赋是远远不够的。你再有天赋,也要经过大量的刻意练习，要投入足够多的时间和精力，要忍受枯燥重复的过程，要完成足够多的数量才行。

甚至你本来没有什么天赋，但你足够努力和坚持，十年磨一剑，也照样可以打败那些天赋很好，但三天打鱼，两天晒网的选手。

二

我已经确信，大多数人在任何领域都没有天赋。

但是，经过努力——学习、训练，大多数人在大多数领域，都可以做到及格甚至优秀。

当然，要做到出类拔萃，还是需要天赋。

努力决定你的下限，天赋决定你的上限。

什么时候才觉得天赋重要呢？你已经非常努力，还是遭遇瓶颈；你已经竭尽所能，还是不能。有天赋的人跟你一样努力，但你是真的拼不过他。

还是那句老话：以大多数人的努力程度之低，根本到不了拼天赋的地步。

好消息是，有天赋的人像普通人一样，也不大爱努力。普通人足够努力，还是可以超越他们。

Ⅴ
你不可能不犯任何错误就把事情做好

一

你是一个不断成长的人，你就会不断面对巨大的未知，犯错是正常的。

做得越多，犯错越多，但这是成长。

彼得原理："每个人都将晋升到他不能胜任的阶层。"

在一个公司里，老板往往是"最不称职"的那个人。

一个有上进心的创业者，总是会把公司做到超出自己能力范围，也就会犯更多的错。

不犯低级错误。不反复犯同一个错误。把错误控制在自己能承受的范围之内。为自己负责。为自己的错误埋单。

然后继续犯错。

二

做题家的路径是依赖考试。

遇到什么问题，就会想我去报个班，考个试，拿个证。

但真实的人生，不只需要你有学习力，还需要你有行动力。

但真实的人生，往往没有标准答案，需要你去不断试错，找出适合的——可能只是错得不那么离谱的答案。

你需要去做事，去试错，去复盘，去面对不确定性，去面对挫折和失败，然后继续重复这个过程。

任何有用的方法，特别是赚钱的方法，都不只是"学到了""考个证"这么简单。

你必须有大量的练习，必须做到足够的数量，才可能找到"正确"，才可能有收获。

"纸上得来终觉浅，绝知此事要躬行。"

三

你该做些什么，人生才会发生变化呢？

1. 去尝试做你从来没有做过的事。
2. 去花一笔你从来没有花过的钱。
3. 去接受不确定性。不怕挫折、失败、上当受骗。

Ⅴ
有些人要的不是方法，而是魔法

一

要立竿见影，要一劳永逸，要轻松赚大钱。不需要去行动，不需要去坚持，只要得到某个秘籍，就像念个咒语，马上就能梦想成真。

但现实世界是，你要做成任何事，都需要投入足够的时间和精力。你知道什么是正确，也还需要去努力，去进行枯燥重复的练习，才能抵达正确。

你要想有个好身材，起码要完成 100 次训练计划。

你要想做直播赚钱，起码要直播 100 个小时。

你要想做短视频带货，起码要做 100 个带货视频。

数量就是质量，数量就是正义。先行动起来再说，先做够数量再说。别人可以给你正确的方向，正确的方法，但是"做够数量"，必须靠你自己。没有捷径。

中等智商，正确的方法，长期坚持，几乎可以做好任何事，但是坚持最难。

浅尝辄止，自欺欺人，动不动心态就崩，三天打鱼，两天晒网，是做不成任何事的。

二

经常会有人说："眼睛会了，手不会。"
这是为什么呢？
很简单，没有去做，或做得不够多。

"学习"由"学"和"习"组成，意味着，你要真学会一样东西，除了"学"，还要练习——大量的，刻意的练习。
"知道"不容易，"做到"更难。

你"做到"任何事，都需要去大量练习。
不会写文案？起码先硬着头皮去写 100 条。
不会做短视频？起码先硬着头皮去剪 100 条。
不会做直播？起码先硬着头皮去播 100 个小时。

没有谁是生下来什么都会的。

不会就去学，去练。

掌握正确的方法，投入足够的时间和精力。

量大出奇迹。

不难。

Ⅴ
努力的人，运气总是会更好一些

一个人穷，可能是因为他不够努力；但很努力也未必就不穷，不努力也未必就穷。

拥有多少财富，是由多个因素决定的。

出身、资源、人脉、行业、圈子、认知、眼界、性格、智商、学习力、行动力、努力、机遇……

有些是外在的，有些是内在的；有些是运气，有些是努力。

换句话说，财富是特别复杂的事儿，是许多个因素的组合。

有人含着金汤匙出生，哪怕不聪明，也有香车宝马，坐拥豪宅；而你需要非常努力，拼命奔跑，最后的终点，也还达不到人家的起点。

你不能就此认为，努力是无用的。不跟别人比，跟自己比，足够努力，总是能改变一些命运。

出身越差，越应该努力啊。

有人相信"为富不仁"，那他就很难拥有财富，因为一个人很难得到自己不相信的东西。

有人不相信自己可以拥有更多财富。当机会来临时，他不是努力去抓住，而是恐惧、逃避、拖延。

你认为自己不值得，那你就真的不值得。

我始终相信，一个人有强大的学习力和行动力，愿意付出更多的努力，相信自己可以改变命运，他就能拥有更多的财富。

如果他的运气再好一点，恰好吃到了时代红利，他就能拥有更多。

所谓：小富在己，大富在天。

而努力的人，运气总是会更好一些。

鲆叔语录

把事情做好的 22 个秘诀

1. 做事之前，调研、分析，学习别人的经验，规避可能的风险——这个特别重要。

2. 你可以不知道什么是正确的，但一定要知道什么是错误的。可以要模糊的正确，但不能要精准的错误。不磨刀背，就是捷径。

3. 逻辑上没有问题，觉得可行，就尽快去做。不开始做，永远没可能做好。

4. 没有行动之前，不要有太多问题。这些问题多半是你臆想出来的伪问题。当你开始行动，你就会发现这些问题大都不存在。

5. 一边做一边总结经验教训，不断复盘，不断调整改进。

6. 如果条件允许，尽量付费找你信得过的大佬学习，这能让你少走很多弯路。

7. 要学习别人的经验，但也不要完全迷信。早期尽量抄作业，后期就要努力超越。

8. 用你在其他领域的成功经验，来对照、嫁接这个新的领域。成功是你各项技能的叠加。

9. 不断尝试各种可能。先小规模测试，如果有效，再批量复制。

10. 坚持。竭尽所能直到不能。

11. 成功其实是概率实验。做得越多，成功概率越大。

12. 不必太在意细节。多做就是了。坚持做正确的事情，然后把结果交给时间。

13. 坚定不移地相信自己能做好。

14. 不需要证明给别人看。把事情做好的动力，来自内驱力，而不是要证明什么。

15. 给自己即时奖励。

16. 可以多跟人聊几次你正在做的事情，思路会越聊越清晰。

17. 如果可能，去教别人。教是最好的学。这也就是所谓的费曼学习法。

18. 要找到自己跟别人不一样的、自己更擅长的那个点。用这个点打爆某个环节。

19. 要有特点。如果你完全跟别人想的一样、做的一样，又凭什么比别人做得更好呢？

20. 把事情做好的能力，是可以不断提升，而且可以跨界运用的。做事越多，做成的越多，这个能力就越强。

21. 我做一个项目的方法，跟我当年写作没太大区别，都是先确定主题，然后收集资料，厘清逻辑，然后尝试去做，再测试，修改，复盘，优化。

22. 可以半途而废。去做更值得做的事。

悪び
れ人

维知

> 第 3 章

永远没有
"准备好了"这件事

你能自食其力，自得其乐。你知道你正在享受——起码是正在追求你想要的生活。

你知道自己想要什么，你选择自己想要的，并且为自己的选择负责。你知道自己要付出什么样的代价，要冒什么样的风险，并且确认，这都是必需的，是你可以承受的。

你确定，你想要什么，可以通过努力，自己得到。你也确定，一定程度的妥协、博弈，是必须的。你也接受不确定性。知道努力未必有成功，付出未必有回报。但那又怎样？继续努力就是了。

你知道这个世界不完美，不公平，并且确认，它永远都不可能绝对完美，绝对公平。你接受现实，并且确信自己可以改变，起码是在一定程度上，改变现实。

你可以悲观，做最坏打算，并确定最坏结果也可以接受。但既然最坏的还没有来，那就不妨保持乐观。

你知道凡事成功，都有运气成分。同时相信，一个聪明、诚实、努力、靠谱的人，运气总是更好一些。

你要做什么，不需要他人的理解和支持。你不需要向别人解释自己的动机，不需要自证清白。做你自己该做的事就好，不必跟人纠缠，不必争是非对错。

你不担心别人议论你，不尊重你，另眼看你。别人说你什么，好的就笑一笑，不好的就当耳旁风。你不努力维持与任何人的关系。你吸引同频的人，远离让你不舒服的人，如有必要，直接拉黑。你不控制别人，也不被别人控制。你愿意报世界以善良，但不因善良而被绑架。

你愿意遵守游戏规则，但如果这规则太不公平、太不好玩，你就自己建立游戏规则。你不向外索取，而向内求。行有不得，反求诸己。

你知道自己正走在正确的道路上。

何谓自我提升

何谓"自我提升"？其实也可以很简单粗暴地理解：

1. 内心强大

认清这个世界的真相，仍然可以与之坦然相处。内心强大，无所畏惧。

2. 肉体强悍

跑步撸铁，锤炼肉身。肉身是灵魂的容器，要让它强悍而清洁。

3. 多赚点钱

多赚点钱，起码可以解决人生 90% 以上的问题，甚至有人认为可以解决更多问题。

以上三点，是相辅相成、互为因果的。

贫贱夫妻百事哀，反过来说，手里不缺钱，就不太容易焦虑，也有时间去运动。而运动不仅可以分泌多巴胺，让你少生病，也可以让你更有体力和精力去做更多的事，赚更多的钱。

Ⅴ
做终身的学习者

没有任何时代，像今天一样，变化如此之快，而且可能越来越快。

昨天还是立身之本的技能，今天可能就一文不值。你需要不断学习新的知识和技能，需要做终身学习者。

不断变化的时代，在不断奖赏善于学习的人。

学习有 4 个层面：看见、知道、做到、内化。

1. 看见

你知道你不知道的，就是看见；你不知道你不知道的，就是没看见。

你没看见，对你来说是不存在的。

一个人能"看见"，已经非常难了。

2. 知道

先有"看见",然后才能"知道"。

知道就是通过学习,去研究其规律、方法,然后理解、懂得。

学习首先是输入的过程,我之前讲过怎样在 3 个月内成为半个内行,方法其实就是强力输入。

跟有结果的人学,永远是学习的捷径。不要自己在那里瞎琢磨。少走弯路,就是捷径。

3. 做到

大部分人的学习习惯,只是为了应付考试,而不是为了学以致用。

所以会记一堆笔记,画一堆思维导图,貌似学到,其实没有任何改变。

做到,要有行动力,要不怕犯错,要不断复盘。

4. 内化

内化就是忘掉技巧,形成本能,类似肌肉记忆。

我到现在还在不断重读自己写的《多赚一倍》,主要原因就是,我写这本书时,有些地方知道,有些地方做到,但很多并没有内化。

所以我才会经常犯我在书里提醒别人不要犯的错误。

要做到内化,需要不断练习,不断重复正确的动作。这是一个长期的过程。

  我现在不断提醒自己要少做杂七杂八的事，要做重要的事，要把测试过确定可行的项目不断放大，而不是凭兴趣乱七八糟地做事。这就是内化的过程。

Ⅴ
活得简单点

我读过很多书，一本书里只要有一两句有用的话，我就觉得没白花钱，没浪费时间。

我听过很多课，只要能学到点东西，或者认识几个人，就觉得值了。

我买的东西，质量不好或是不合适，也懒得去退换；

我接受的服务，哪怕不满意，也懒得去批评、投诉。

我自己的时间和精力更值钱。

我越来越习惯简单直接地沟通：有逻辑地、清晰地表达自己的需求。

我越来越不在意别人的看法，无须他人认可我，理解我。内心坚定，无所畏惧。

我越来越习惯，能用钱解决的问题，就不去消耗人情。

我越来越知道，什么是重要的事，该怎样去做重要的事。

我还是会顺手帮一下别人，然后，就把它忘掉，不图回报。

活得简单点。降低自己的期待值，不去纠缠小事，尊重价值，尊重自己，心怀善意，提升自己。

Ⅴ
这个世界并不是非黑即白

我早恋、早婚、早育，但不按头催人结婚生子。相反，我建议女儿：多谈恋爱少结婚，可以不用生孩子。

我养狗，但不干涉别人养狗的方式。还对计划养狗的朋友说："考虑清楚了。别人家的狗永远可爱，自己家的狗永远掉毛。"

你有你自己的生活方式，你有你自己的判断和坚守；但同时，你也能理解，起码是接纳，与你不同的事物。

你知道，生活不是一张试卷，很多事情没有标准答案。与你完全相反的，也可以是正确的。你不是活在非黑即白的世界里。黑与白之间，还有大片的灰色地带。

你知道这个世界从来不公平，未来也不可能完全公平；许多事，都需要妥协、博弈。你向往光明，也要接受阴影。

然后，才可能有正确的三观。

Ⅴ
读书人最大的问题是，以为这个世界是讲道理的

我其实是个读书人，但命运需要我做个生意人，那我就把它做好。

读书人最大的问题是，以为这个世界是讲道理的，而且以为应该讲他的道理。

而生意人只讲利益，不讲道理——如果有生意人在讲道理，那就可以肯定：讲道理对他是有利的。

做生意，要以利益为先，以利益为目标，以利益为核心，以利益为道德标准。一个生意人，赚不到钱，就是不道德的。一个老板，把公司做到亏损，给员工发不了工资，拖欠合作方货款，他个人私德再洁白无瑕，也是不道德的。

一个合格的生意人，不可贪恋情绪价值，不可争论是非对错，不可在意恩怨情仇，不可抱怨社会不公，不可软弱，不可懒惰，不可装阔，不可怕失败，不可怕丢脸。

要理智，要冷静，要努力，要利他，要耐心，要忍让，要果

断，要发现机会，要百折不挠，要计算得失利弊，要为自己负责——要赚到钱。

如果只是做个读书人，我会比现在幸福得多——但估计牢骚也很多。

没有走过更崎岖的路，就不会知道自己是幸福的。

Ⅴ
不要美化任何一条你没有走过的道路

    不要美化任何一条你没有走过的道路，包括且不限于考研，考公，出国留学，跳槽，创业，结婚，离婚，不婚，丁克，单身生育等。

    不要因为对现实不满，因为无能为力，因为软弱和逃避，去虚构一个桃花源。

    任何一条道路，可能都不太好走，都需要你有极大的热情和耐心，才能坚持下去。

    任何一种选择，可能都有利有弊。你要接受那好的，也要接受那坏的。

    万物皆有代价。你想得到任何东西，都要先仔细想想：自己要付出什么代价，要冒什么风险，最坏的结果，自己是否能够承受。

    不要美化任何一条你没有走过的道路，但也不必对它过于恐惧。

我们未来的每一天，其实都是未知的，可以说都是没有走过的道路。

我们每时每刻都在做出选择，每次都是选择未知。你要习惯，面对人生的迷雾，坚定地走下去。

任何一条道路，都需要你走过了，才能知道结果。

如果确定是你想要的，那就勇敢一些。去行动，去试错，接受现实，满怀热情，不怕挫折，不怕失败。

世上本来没有路，你去走了，就有了路。

∨
没有比判断是非更容易的事了

哪怕是一条狗,它也能判断是非:给我肉吃的是好人,踢我一脚的是坏人。

诸位,狗里智商最高的是边牧,相当于 7 岁孩子的智商。

但理性思考和抉择,就比较难。不能基于单一信息源做出判断,这是常识,但这个常识,很多人都没有。有了多个信息后,还要基于逻辑、常识和经验,排除掉那些明显荒谬的,留下相对比较靠谱的。然后,你需要基于你的三观,分析加工信息,分析利弊,得出结论,做出选择。

到了这一步,你怎么选,都是对的。用妥协、技巧换取利益,是对的;用硬杠争抢利益,也是对的;掀桌子,一拍两散,伤敌八百自损一千,"老子乐意",也是对的。

只要是你理性思考、衡量利弊后做出的选择,怎么选都是对的。最怕的是,当时什么也没想,脑子一热就冲上去了,然后就后悔了。

可世上没有后悔药。

另外，其实狗也会理性思考。我的狗有时候不高兴，龇牙凶我，我把手伸到它嘴里让它咬，它就马上开始舔，一点儿尊严也没有……

这就是理性啊，再生气也不能真咬下去啊。

V
多一点逆向思维

2019年年底，我决定认真做自媒体。

做哪个平台的呢？我研究了微信公众号、抖音、头条、小红书……最终决定做微博。

为什么呢？

我有自知之明，知道自己的形象和嗓音都不怎么样，做口播视频完全不占优势，但我很能写，所以适合做图文。

但这不是主要原因。

主要原因是：我知道其他几个平台赚钱的人都不少，唯独微博，大V天天抱怨不赚钱。

大家都不赚钱，这就说明微博的流量不值钱，这就是机会——我一直很清楚，在产品过剩的时代，流量就是最稀缺的产品。谁能低成本解决流量问题，谁就能做好生意。

然后我就拼命去写微博，用了4个月的时间，从4万粉写到86万粉，获得了大量流量，然后就做得一路顺风顺水了。

这就是逆向思维：大家都不赚钱，说明流量不值钱，那我就应该马上去获取这些流量，而不是去流量贵的地方争得头破血流。

你不可能跟大多数人想的一样、做的一样，却试图成为少数人。

很多时候，是需要跟大众想法反着来的。

∨
万物都有代价

10 多年来，我一直在任性地远离自己不喜欢的一切：依附，被管理，不平等，不自由，平庸，一眼可以看到的未来。

我不断放弃，不断尝试。从此地到彼地，从安稳到冒险，从旧领域到新领域，从实现目标到失望，再有新追求。

有时回头看看，为"过自己想要的生活"所付出的代价，可能并不比妥协更小吧。

忽然想说，直到现在，我还是一个很"任性"的人。

任性地决定去做一些事，或者不做一些事，并不计算得失；任性地放弃一些赚钱（比现在多很多的钱）的机会，只是因为它和我的三观不匹配；任性地安排自己的生活，更自由，更散漫，更有趣，而不是更成功。

我曾特别努力，像推土机一样前行，只是为了，让自己有资格任性。

V
降低对他人的期望值

降低对他人的期望值。

那些对我们自己来说，简直就是人生标配的东西，比如三观正、学习力、同理心、逻辑性、边界感、责任、努力、眼界、教养、悲悯……对很多人来说，其实都是缺失的。

降低对世界的期望值。

这个世界有温情、有善良、有希望，有基本的秩序和大体的公平，但它绝不可能尽如人意。你会遭遇意外、不公、危险，你会无端被人嫉恨、攻击。时代掸一掸衣襟，无数灰尘落下，对很多人来说，就是大山落下，灭顶之灾。

降低期望值，就不至于过于失望。也更能明确知道，该怎样与世界相处。

最终也不过是：行有不得，反求诸己。

以及：内心坚定，无所畏惧。

V
想点有用的

我有一个简单粗暴的思维模式：想点有用的。

不计较对错，不在乎自己是不是吃了亏、受了委屈——我只想，做什么是有用的。

一件倒霉事，我如果不能掌控、不能改变，那就当它不存在——我去做自己能做的事，把它做好。

经常"想点有用的"，你的思维就会变得清晰，能避免无谓的争执，焦虑、恐惧等负面情绪也会越来越少。

为什么你不肯"想点有用的"呢？

因为"想点有用的"意味着你要为自己负责，意味着你要付出努力和汗水。

抱怨不公何其容易，推卸责任何其容易，求理解求同情何其容易。

为自己负责何其困难——但这是必须的。

Ⅴ
人类对改变的痛苦，仅次于死亡

大多数人，都在假装，假装自己没有什么欲望，假装自己没有什么梦想，假装知足常乐，假装满足现状……

大多数人，不是被逼到绝路，没有极致的痛苦，是不肯改变的。哪怕这改变对他只有好处，没有害处，并且不需要付出多少，也没有多大风险，只需要改变就好了。

他们觉得，自己不配拥有更好的。他们从来不敢相信，自己有改变现实、让自己过得更好的能力；甚至，他们对改变本身有着根深蒂固的恐惧。哪怕理性分析的结果是，改变是轻而易举的，只有益处没有害处的，他们也还是会本能地退缩。

而有些人吧，当有新的机会来临，命运朝好的方向转变时，他不是欢欣鼓舞，拥抱变化，而是恐惧、惊惶，拒绝改变。他知道站在他面前的就是幸运之神，但当幸运之神伸出手时，他却拒绝了。

不肯改变自己的人，往往会要求别人、要求世界改变来适应自己。人世间最愚蠢的行为，最无解的痛苦，莫过于此。但你没有办法改变任何人，除非他自己愿意改变。你最多是在他想改变时给他一个方向，给他一点助推力。

学习其实是在改变。这就解释了，为什么一些人永远在假装学习，在糊弄自己。他根本不想改变。而人类对改变的痛苦，仅次于死亡。

有人说，不要轻易离开舒适区。你可能什么也得不到，连舒适也没了。这话不假，但很多人所谓的舒适区，其实根本不算舒适，最多只是熟悉罢了。熟悉的环境，熟悉的工作，熟悉的人，未必让你舒适，未必让你满意。你甚至一直很痛苦，一直对它深恶痛绝。但你依然不肯离开，不肯改变。

舒适区是什么呢？做你热爱的事，把它做到专业，又有足够的回报，这才算舒适区。但你要有舒适区，又不能沉溺于舒适区；你要离开舒适区，然后得到更大的舒适区。

而离开舒适区的驱动力是什么呢？欲望、痛苦、热爱、好奇。离开舒适区，没有立竿见影的方法，只能是：跳一跳，摘桃子。循序渐进，咬着牙坚持。

强者不断开拓进取，弱者总是待在所谓的舒适区。突破自己的舒适区，认识自己的能力边界。要在这两者之间找到平衡点，非常难，但要努力做到。比你更高的智慧，一定是打破你固有认知的，让你离开舒适区的，这可能会让你很不舒服，但还是要让自己接受更高智慧。

承认你有更多的欲望；相信自己有能力得到想要的一切；离开惯性的泥潭，去拥抱变化。

∨
要有承认自己是受害者的勇气，但不要有受害者心态

1. 承认就能去面对，去改变。不肯承认，自欺欺人，会永远陷在烂泥塘里，无法自拔。

2. 承认是为了改变。不要自怜。不要甩锅。不要一直沉浸在受害者心态里。

3. 受害者心态就是："我这么惨，都是别人害的。"有了这个想法，人生就全完了。

4. 有受害者心态的人，会把自己的悲催人生归罪为外因，包括体制、性别、老板、伴侣、同事、原生家庭，甚至糟糕的天气。

5. 远离有受害者心态的人。他会习惯抱怨，甩锅，迁怒于

人——迁怒于你，却不肯行动，改变自己。

6. 尽量不要让有受害者心态的人成为你的客户，他们实在太麻烦了。

7. 曾经有短视频带货的学员，说自己刚付了费就觉得被割韭菜了，所以没有听课，没有行动，然后又说：你们课程不行，我没有收获！

8. 我一直怀疑，受害者心态严重的人，可能是有某些精神方面的疾病，需要去治疗。

9. 远离有受害者心态的人。跟愿意为自己负责的，努力、积极、进取的人在一起。

Ⅴ
用更高的智慧指引当下的生活

2013年年底，有位朋友跟我聊了一个下午，深刻地改变了我。如果没有那个下午，我现在估计还在努力工作，辛苦上班。

那年其实也是我的高光时刻。出了6本书，其中有两本全年占据类目畅销榜榜首。做了几十场讲座。年收入30多万元，现在看来不算什么，但当时也还是远超同侪的。

2013年年底，有朋友邀我去做一个内训，两个小时，给了两万元（我当时的官价是一天两万）。然后朋友跟我深聊了一个下午，从此深刻地改变了我。

其实核心就是两句话：

第一，一个人太过努力做事是不对的。你应该寻找更合适的道路，去轻松赚钱。

第二，你说的话，有些是前后矛盾的。你要自我觉察，要面对你的内心，要有承认的勇气。

好像也很平淡对吧？但对我来说，都是直击要害、非常有用的。

4个月后，我正式提交了辞职报告，开始创业。我越来越少做杂七杂八的事，只做正确的事，做重要的事。我现在每天正经工作的时间，正常不超过4个小时。

我养成了自察、自省的习惯。我开始诚实地面对自己，不断修炼，做到表里如一，知行合一。我解决了原生家庭的问题，还有一些其他问题。最终做到，内心坚定，无所畏惧。

我说过，"用更高的智慧指引当下的生活"。这位朋友，就是我当年的"更高智慧"。

用更高的智慧指引当下的生活。有两个方法：

第一，你要想一想，你未来会成为什么样的人，然后用未来的你的思维，思考当下的事情。

第二，你要接触那些比你牛的人，向他们学习，用他们的思维，改造你的思维。

∨ 大脑是用来思考的，不是用来记忆的

养成随时随地记录想法的习惯。用什么记录都行，记事本、微信朋友圈、微博、滴答清单，都可以，看你的习惯。

与高人坐，读一本书，听一堂课，有什么心得，也要马上记下来。

如果你没有马上记下来，不用等到明天，可能转个身就忘得差不多了。

你的大脑是用来思考的，不是用来记忆的。随时记录，是在帮大脑清库存。大脑放下了记忆的重担，就可以轻装上阵，更好地思考。写的过程，也是辅助思考、深入思考的过程。

我们可能都有这样的经验，开始时你只有一个点子，一个模糊的想法，把它写下来，做成一张思维导图，或者写成一篇文章，就会越来越清晰，越来越完整。

你随手记下的那些想法、心得，也要经常翻看一下，有时间就再写一遍。这就是在深入思考。

Ⅴ
优秀是一种习惯

当你做一件事时,不要简单地只是去"完成"它。你需要考虑更多一点:

1. 为什么要做这件事?
做这件事背后的、真正的目的是什么?

2. 甲方爸爸(老板、客户等)的真正需求是什么?
你甚至需要去发掘他们自己都不太清楚的需求。

3. 下一环节的做事逻辑是什么?
下一环节可能遇到什么困难?可能会问什么问题?你怎样做才能不给下一环节增加麻烦?

4. 这件事，别人是怎样做的？

做得最好的人是什么样的？他们是怎样做的？有哪些经验教训？你怎样才能做到更好？

优秀是一种习惯。就体现在这点滴的细节之中。

当你养成了凡事思考这四点的习惯，你就会越来越优秀。

Ⅴ
习惯用"上位"的思维思考问题

要习惯用"上位"的思维去思考问题。

上位者跟你想的不一样。你要明白上位者想要什么,思考问题的逻辑是什么,然后就会知道,怎样做才是对自己最有利的,起码是害处小一点的。

举个简单的例子:

你所在的部门,有人捅了个大娄子,你对老板(上位者)说"这不是我的错"。老板一定很恼火。他这时候最关心的是这个问题怎样解决,而不是判断谁是谁非。能帮他解决问题的人,他就会喜欢;说"这不是我的错"的人,他一定很烦。

老板要的是解决问题的人,而不是证明自己没有错的人。

那你应该怎么做呢?不管是不是你的错,你都要尽快厘清头绪,给出方案,尽力去解决。

用上位者的思维思考问题,当然很难,但可以练习。练多了,总是会好一点。

∨
喜欢和擅长，都是可以培养的

一

我们总能听到一些鸡汤，说要做自己喜欢的事、擅长的事。但实际上，喜欢和擅长，都是可以培养的。一件事你刻意练习多了自然擅长，擅长了就容易有正反馈，正反馈多了，你就会喜欢。

我也说过，我其实是个读书人，但是被迫要做个生意人，那就努力把它做好。我其实是个兴趣广泛的人，不喜欢重复劳动，但必须做短视频带货训练营，就一个月一期，一直做到第 16 期，而且越来越好。

没有谁是生下来就什么都会的。不会就去学，去练，投入足够的时间和精力，自然就会了。

人生在世，总会有一些自己不喜欢做但必须去做的事。那就努力把它做到最好。你把它做好了，大概率也就喜欢了。

怕的就是你总在逃避，从不开始，更不坚持。

二

什么都是可以学习的。

关于爱，关于亲子关系，关于如何和父母相处，关于怎样爱自己，关于职场沟通，关于升职，关于加薪，关于赚钱，关于变美，关于健康，关于园艺，关于厨艺，关于怎样玩微博，关于怎样做短视频，关于温和而坚定，关于逻辑与清晰……

一切的一切，都是可以学习的，可以进步的，可以改善和改变的。

连学习本身，也是可以学习的。

不断变化的时代，在不断奖赏善于学习的人。

普通智商，明确方向，学习方法，不断练习，不断复盘，持之以恒，终会有收获。

鲆叔语录
内心坚定的22条准则

1. 你必须承认不确定性，接受不确定性。这是不以人的意志为转移的。保持悲观，才能足够勇敢。

2. 做任何事，都要付出足够的努力，并且承担风险。风险一定要可控。

3. 稳定会成为奢侈品。不要再奢望一劳永逸的人生。

4. 又体面、又清闲、又稳定，赚钱又多的工作，基本是不存在的。

5. 要做终身学习者。用学习对抗不确定性。在不断变化的时代，唯有不断学习，才不会被时代抛弃。

6. 好好工作，不要摸鱼。跳槽要谨慎，更不要轻易离职、创业。

7. 做一份副业。每天多工作两个小时，多赚点钱，培养不依附任何人独立赚钱的能力。

8. 不要随便借钱给别人。如果借了，就做好他不会还的心理准备。

9. 少刷信用卡，少消费。尽量存点钱，尽量别负债。

10. 做好成为灵活就业者的准备。

11. 多研究互联网低成本轻创业赚钱的方法，比如短视频带货，现在还是蓝海，赚到几倍工资还是不难的。

12. 减少无效社交。多做事，多赚钱。

13. 认识几个收入比自己多 10 倍的人。研究他们在做什么，怎么做。

14. 投资要特别谨慎。别相信可以躺赚、一夜暴富、财务自由。

15. 不建议打工人轻易创业，更不建议大学生创业。失败概率太大了。

16. 如果你要创业，不建议加盟，不建议开实体店，尤其是咖啡厅、花店、书店。

17. 初创业别租大办公室，在自己家办公就行。见客户可以去咖啡厅。

18. 把公司做小，尽量少招人。能自己做的事就自己做，做不过来再找兼职。

19. 老板自己必须懂销售，你应该是你公司最好的销售员。不会销售，就不要创业。

20. 一定要确保现金流，尽量少加杠杆，最好不加杠杆。

21. 持续利他。为他人提供价值。能帮人就帮。

22. 养成为价值埋单的习惯。拿你有的，换你要的。

賺

第 4 章

多赚点钱,三观都会变

一个人在极度匮乏时，是没有能量进行深度思考的。

现实太残酷，太让人绝望。你要自己骗自己，要粉饰太平，才能勉强活下去。

改变这一切的根本方法，就是多赚钱。起码赚到能够自食其力的钱。最好是能独立赚到自食其力的钱。

赚钱治百病，赚钱解千愁。

多赚点钱，你思考问题的角度都不一样了。

之前有朋友说，当你赚到一千万元，你的三观都会改变。我说我的三观十分稳定，基本不会发生大的变化。但对大多数人来说，不要说赚到一千万元，就是赚到一百万元，甚至只是一个月多赚几千元，三观都会改变。

Ⅴ
赚钱是最好的修行

你有没有发现，对于赚钱这件事，你的内心其实是抗拒的？

一

去年我就发现自己有这个问题：

本来一件事没钱赚时，可能做得兴高采烈；

但这件事可以赚钱了，反而磨磨蹭蹭，无论如何都不想做了。

二

我给自己做了很长时间的心理建设，教育自己：

要理直气壮地爱钱；

要坚定不移地相信，自己很值钱；

要坚定不移地相信，自己能赚到钱，能赚到更多的钱，能轻松赚到更多的钱；

要坚定不移地相信，自己赚到的每一分钱，都是在给别人提供价值，都是在利他；

要投入更多时间和精力去研究怎样赚钱，去做赚钱的事；

要让赚钱变得像呼吸一样自然。

三

在一个创业群里，有人说自己学生时代就已经开始创业，后悔自己创业太早，没有进大公司历练几年，以至于踩了很多坑。

我说我39岁才创业，还不是一样犯错无数，有几次差一点儿把公司搞垮。

创业这件事，你永远不可能完全准备好了再出发，你一定会面对无数问题，犯许多错误。这都是无法避免的。

如果我可以选择，我肯定选择早点创业，且不说精力体力差别，你在20多岁赚到钱，赚的是发展的钱，你还有很多时间去做事，去试错，去试着做一个伟大的企业；但你在40多岁赚到钱，赚的就是养老钱，你小心翼翼，不敢犯错，只敢做个小公司。

赚钱还是要趁早。赚钱越早，越有无限可能。

四

跟一个老板朋友说：不要做自己喜欢的生意，而要做赚钱的生意。公司"钱景"好，一切都好说。公司不赚钱，折腾情怀、文化、管理，都没有用。

对于个人其实也是一样的。不要只做自己喜欢的事，而要做有价值的事，能赚钱的事。多赚点钱，起码可以解决人生 90% 以上的问题。你天天为钱发愁，还不肯把主要时间和精力用来赚钱，神仙也没办法。

五

我甚至觉得，多赚点钱，不仅可以解决人生大部分问题，还可以让人变得更聪明。

一个人在极度匮乏时，是没有能量进行深度思考的。

我在二十七八岁时，三观基本定型。对职场、原生家庭都进行了深刻思考，确定了一条基本原则：我要做规则的制定者，而非执行者。这个原则，让我受益终身。

这时候我的副业收入已经是工资收入的七八倍，我用稿费买了一套房。我不需要再依附某个组织或个人，我更自由——不只是人身自由，也包括思想自由。我有勇气去思考之前想都不敢想的问题。然后就觉得，其实也没有那么难。

当你为柴米油盐而烦恼时，当你为下岗失业而恐惧时，当你每天累得半死还是为基本生存而烦恼时，你怎么可能有余力去深度思考呢？

如果你必须依附某个人才能活下去，你怎么敢承认他其实并不爱你，怎么敢反思这段关系有问题呢？一旦承认和反思，你的世界就崩塌了。

在你极度匮乏时，大脑不允许你深度思考，其实是对你的保护。

现实太残酷，太让人绝望。你要自己骗自己，要粉饰太平，才能勉强活下去。

改变这一切的根本方法，就是多赚钱。起码赚到能够自食其力的钱。最好是能独立赚到自食其力的钱。

我是个俗人，有个简单粗暴的判断标准：有钱比没钱好，钱多比钱少好。

六

赚钱其实就是修行,是最好的修行。

多赚点钱,起码可以解决人生 90% 以上的问题;多赚点钱,你的三观甚至都会发生改变。

普通人甚至都不用多赚太多,一个月多赚两三万,甚至两三千,你就会豁达、从容很多,就会少很多焦虑、愤怒。你的人际关系,特别是亲密关系,都会得到提升。

当你确信自己可以靠诚实的劳动赚到钱,确信未来还能赚到更多的钱,你就会变得积极阳光,不会再去抱怨社会不公,不会再去跟人抬杠——赚钱尚嫌日短,吵架哪得工夫?

需要钱就去赚钱,喜欢钱就去赚钱。赚钱是每个人的刚需,是一件堂堂正正的事。

Ⅴ
如果你觉得别人在制造焦虑，那就说明你真的很焦虑

有人在说工作很难找，我不觉得他在制造焦虑，因为我自己做老板。

有人在说找对象难，我不觉得他在制造焦虑，因为我已经结婚很多年了。

有人在说 35 岁现象，我不觉得他在制造焦虑，因为我已经 48 岁了。

我说要多赚点钱，有人说我在制造焦虑。

这说明什么呢？

第一，他赚不到钱；

第二，他是真的很焦虑。

如果你觉得别人在制造焦虑，那就说明你真的很焦虑。

别人无法"制造"焦虑，最多只是把你内心的焦虑激发出来。

V
工资，只是让你比破产强了一点点

跟诸位说句刻薄的实话：大部分人，是根本不会赚钱的。

打一份工，公司给你发工资，这不叫会赚钱；哪怕你已经到了年薪百万，依然不叫会赚钱。

《富爸爸穷爸爸》里面有一句话：工资，只是让你比破产强了一点点。

哪怕你已经年薪百万，你也只是公司的一颗螺丝钉而已。你对赚钱的理解，甚至比不过小区里开小超市的老板，比不过路边卖驴肉火烧的摊贩。

离开公司你是什么？你能做什么？

找下一个公司打工？

还是可以靠自己，就能活得很不错？

在公司里，你是很难有这些想法的。因为你身边都是和你一样的人。

朝九晚五，搞不好还得996；期待加薪升职，或者跳槽找一份更好的工作。

35 岁现象。突如其来的行业消亡，公司倒闭；你可能还不起房贷，房子被法拍。

年龄越大，就越恐慌……

如果想改变，你该怎么做？

更多努力，从做一份副业开始，从学会独立赚钱开始。

工作还是要认真做的，但要利用业余时间，去做一份副业，多赚点钱。

不依靠公司，独立赚到哪怕一千块钱，都是非常好的开端。

你的薪水是有天花板的，但独立赚钱，没有天花板。

老板多给你加五百元都会肉疼，但做副业，一个月多赚五千元、五万元的都大有人在。

学会独立赚钱，就不怕公司倒闭、不怕被裁员，你到哪里都会有饭碗。

Ⅴ
你的问题只是因为钱赚得不够

向前走，让自己成长，让自己强大，你之前无法解决的问题，可能已经不是问题了。

变强才是解决问题的最好方法。

一

我遇到过在婚姻里饱受歧视的宝妈，因为给孩子买个 10 元的玩具就被老公骂。

她最应该去做什么？宣扬男女平等？学习夫妻相处之道？骂男权社会？

这都解决不了问题。

她最应该做的，是去赚钱，是提升自己赚钱的能力，是经济独立。

你比老公赚得多，你不用向老公伸手要钱，他还能怎样压迫你呢？

二

我见过在职场里灰头土脸的小职员，辛辛苦苦赚一点要精打细算才能活下去的钱，被人训得很惨，天天加班老板还不给加班费。

他应该怎么办？去要求加薪？去勇敢地抗争，打工人也有尊严？要不怕失业就去啊，还可以告公司违反《劳动法》呢！

你应该做的，是把上班摸鱼的时间，上下班堵在路上的时间，晚上躺床上玩手机的时间，都利用起来，拼命学习赚钱技能，去努力赚钱。

赚钱足够多，远超过薪水，你还怕什么？

三

容鲆叔说句刻薄的实话：

尊严从来不是求来的，甚至抗争都没有太大用处。

尊严是靠实力得来的。你赚到足够的钱，就有实力，得到尊严。

当你专注于问题本身时，你可能无法解决任何问题。

但是当你努力发展，努力赚钱，很多问题就不再是问题。

多赚点钱，起码可以解决人生 90% 以上的问题。

剩下的 10%，基本也是因为，你赚的钱还不够多。

怎样在 3 个月内成为内行

怎样在 3 个月甚至更短的时间里，成为某个领域的（半个）内行，超过 80% 的从业者？

1. 读这个领域最经典和最畅销的书，10 本到 20 本就差不多了。读完就会对这个领域有一个整体的认知。要做思维导图，记重点。

2. 关注这个领域 10 个到 20 个专业的微博、微信公众号、抖音、B 站博主，每天浏览一遍。

3. 尽可能拜访高手，跟高手交流。可以加入付费的社群，结交优质人士。

4. 习惯分享，写、说。你以为自己懂了，其实未必。开始写，开始说，就是发现知识盲点、逻辑自洽的过程。

5. 动手去做。"纸上得来终觉浅，绝知此事要躬行。"

6. 及时复盘，及时修正，总结经验教训。

7. 跨界思考。用你擅长的其他领域的专业眼光，来审视这个行业。共同的逻辑有哪些？哪些地方是这个行业特有的？怎样融会贯通？你跨界越多，就越容易迅速在一个新的领域里成为（起码半个）专家。

Ⅴ
投资给自己，才是最好的投资

有人问我怎样做投资，也多少有点问道于盲。

1. 我一直以来的观点是：普通人没必要研究怎样做投资，而要研究怎样多赚钱。

2. 投资是需要本钱的，是有风险的。普通人手里那点钱，赚也赚不了多少，赔了就是伤筋动骨，甚至倾家荡产，万劫不复。

3. 要做好风控。投资之前，先想明白，如果投资失败怎么办？最坏结果是什么？自己是否能够承受？

4. 有些看上去不靠谱但可能收益率极高的投资项目，也可以赌一把，但是注意不要压上全部身家。

5. 尽量只用闲钱做投资。不要卖房投资。不要借钱投资。尽量少加杠杆，最好不加杠杆。

6. 记住，你要做投资，就做好血本无归的心理准备。

7. 有时候，血本无归都还不够。有些投资不只是蚀掉本钱这么简单，比如期货、公司股权。

8. 不要相信所谓的内幕，不要迷信带你投资的大佬，不要替大佬拉人头，也不要帮/带亲友做投资。

9. 承诺你 100% 赚到钱的、轻松赚大钱的，十有八九是骗子。

10. 我的经验是：投资给别人的钱，十有八九收不回来。自己做个小生意，躬身入局，亲自去做，辛苦一点，都能赚到钱。

11. 早些年，我会拿收入的 10% 去报各种课，去进各种圈子，积累各种人脉。当然也遇到很多骗子，但也学到了很多东西。这是我回报率最高的投资。

12. 投资给自己，才是最好的投资。

我的职场逻辑

我当年上班时，从不抱怨老板给钱少。抱怨是无用的。

我的职场逻辑非常简单粗暴，具体如下。

一

首先，我是在为自己工作。

公司给我发钱，给我学习、试错和成长的机会，我一定要把这个机会用好，让它发挥最大价值。

我永远高效地工作，把事情做到最好。我会干私活做副业多赚点钱（赚得还不少，正常都有主业的三五倍），但绝不会偷懒耍滑。

因为这是在浪费我的时间，是在谋我自己的财，害我自己的命。

二

其次,我要给老板贡献更多剩余价值。

老板花钱请我来,是让我来给他做事的,是让我给他贡献价值的。

老板会永远喜欢多干活少拿钱的员工。

如果我想多拿钱,该怎么办?很简单,贡献更多剩余价值,让老板给我加薪后还觉得超级划算。

老板给我五千元,那我就干价值三万元的活儿给他。这样总有一天,他至少会给我一万元。

就算老板不给我加薪,我跳个槽,换个一万元的工作,不难吧?

三

职场有许多潜规则,但也有元规则:

你得有用。你给老板提供的价值,应该远超过老板给你的薪水。

这是职场的立身之本。

我懂一些职场潜规则,必要时,也可以有高情商,但我懒得理会这些。

我只是简单粗暴地把活儿干好,干到极致,干到力不能及,干到几乎超过所有人。

我从来不怕卷,我就是"卷王之王"。

四

我跳过很多次槽。当然都有多重原因,但核心原因都差不多:

我已经做到最好,觉得没意思了。

经验是,当你做到足够好,你就可以进入新的回报更高的行业,继续卷。

越是回报高的行业,卷得越厉害。

也越值得你去卷。

V
做给自己打工的打工人

一

有两种打工人：

第一种，我是给老板打工的。少干活多拿钱符合我的利益最大化原则。

我要各种偷懒耍滑，能不做的事情坚决不做。每天上班时间8小时，我用来干私事、打游戏的时间越多，就越占便宜。别指望我主动做事。加班？开什么玩笑！

当然了，我还是要抱怨老板，让我做的事情太多，给我的钱太少、给我的职位太低，我怀才不遇啊！

第二种，我是给自己打工的。我要为自己负责。

我要用老板心态、老板思维来对待工作。我积极主动，不计较眼前的得失。我无法容忍交差应付、虚度光阴。我最宝贵的是时间。我用时间来换取宝贵的经验、资源。

我做的每一件事都是为自己做的。每一天，我都要变得更优秀，让我自己能有更多选择。没有怀才不遇这件事。我越努力，越优秀，就会越幸运。

你是哪种打工人？

二

上班肯定有些事让你很烦，比如通勤时间很长、人际关系复杂、薪水微薄等，但如果你转变一下心态，还是可以使你快乐的。

这心态就是：我是在为自己工作。

上班不仅可以拿到工资，还可以得到成长，结识人脉，拥有资源。职场是一所大学，我不仅不需要交学费，还有钱拿。我做好我能做的事，就是成长。做事越多，成长越快。我试错的成本，也是由公司承担。我得到的经验，是我自己的，别人拿不走。

我当年还在上班时，就是这样想的。我在职场非常简单，不揣摩上意，不参与办公室政治，不跟人竞争纠缠，就是努力做事，把应该做的事做到最好。

我相信自己不会做一辈子底层打工人，我把事做好，要么公司给我更好的回报，要么我跳槽找到更好的工作，要么我自己去创业。

后来我就自己去创业了。

想点有用的。活得简单点。把事做好。把每一件应该做的事都做到最好，这就是成长，就会有新的机会。

Ⅴ
打工人怎样保持良好心态

上班的心情，跟上坟是一样的。

估计对很多人来说，公司是跟老板斗智斗勇的所在，是混口饭吃的地方，是自己深恶痛绝又不得不去的地方，是必需的罪恶。

怎样在职场保持良好心态？核心其实是：职场对于打工人来说，究竟意味着什么？

1. 免费的大学

你读大学需要交学费，职场是免费的。不仅不用交学费，还有钱拿，等于带薪进修。

这么一想，是不是舒服多了？

2. 加速器

公司肯定比个人资源多。它可以投入大量人力、物力、财力去做一件事。

你自己需要三五年才能做成的事,有公司资源加持,可能三两个月就能做成。

3. 放大器

同样的道理,有公司资源加持,可能把你的能力放大很多倍。

很多职场混得还不错的人,离职创业就一塌糊涂,就是错误地高估了自己的能力。

离开公司你是什么?这是需要每个人都认真思考的问题。

4. 最低保障

上班不容易赚大钱,但胜在稳定,起码比自己创业稳定。

你可以把工资当成低保,然后自己努力多做一份副业,多一份收入。

不要轻易去创业,尤其是打工都打不好的人,会死得很惨。

当副业收入超过月薪的 3 倍,再考虑离职,会比较稳妥。

Ⅴ
好工作不是面试来的，要想办法开外挂

　　我对求职面试没有什么经验。身为"资深跳槽犯"，我跳槽超过 10 次，没有一次是自己投简历去面试的。我创业后，核心员工也不是常规途径招聘来的。

　　我从来都是开外挂：去某媒体，是因为我早已经是他们的作者；进某大厂，是因为有朋友介绍。如果正经投简历，以我学历之低，根本到不了面试环节。

　　我女儿有位同学，每到假期就回国进大厂实习刷简历，那他可能根本不用走校招，实习完就直接留在大厂了。

　　我 10 年前做媒体人时，有人想进报社做实习生，但正常途径是进不来的，她是先跟我微博互动，混个脸熟，后来私信我，我帮她申请了实习名额。

　　我现在有两名员工，都是我曾经的学员，是我发现他们的能力，然后主动邀请他们来入职的。

　　我还知道，某大学毕业生，求职某电商自媒体大佬，是先花 3

个月时间，把大佬微博翻了一遍，精华部分摘出来，编辑，分类，打印成册，然后带着打印书稿去面试的。结果，还用我说吗？

好工作大多不是按部就班面试来的。你要下更大功夫，尽最大可能寻找助力，就是开外挂。

在学校里读书考试，可能是人生最后的公平竞争。当你走上社会，你就应该明白，公平竞争这件事基本不存在。

每个人的位置、平台、资源、人脉、圈子、专业度、经验值都不一样，大家不可能站在同一起跑线上，用一个标准，去公平竞争。

不只是面试，任何事都是一样的：不要想公平竞争，你应该努力去开外挂。

Ⅴ
35 岁之后，就不应该再投简历找工作了

一个人到了 35 岁，要么成为高管，要么去创业，要么走专家路线。

还在职场底层，体力、时间都拼不过年轻人，就很悲催。

35 岁之后，就不应该再去投简历找工作了。

说说我的经历：

我是 18 岁就参加工作，在小地方待了 14 年，直到 32 岁才离开小城去了北京。

之后陆续跳了 6 次槽，没有一次是自己投简历求职的。

我去北京的第一个公司，是做书的。我能去这家公司，是因为有朋友介绍，我在这家公司出了一本书，即署名青青李子的《爱情这江湖》。

后来我去杂志社，也是因为我是他们的作者，而且未入职前，就帮副总编做了很多事。

我去某大公司做公关，是因为有朋友在，介绍我去的。

我最后一份工，也是朋友介绍的。

去杂志社时，招聘条件一共七八条，我有6条不符合。其他几次跳槽也都大同小异。如果我走正常渠道投简历求职，我会在第一轮就被刷下来。

之前说过，成年人的世界，没有公平竞争，做任何事，都要开外挂。你积攒的经验，你拥有的资源，你结交的人脉，你所在的平台，你祖上的余荫，你得到的小道消息，你花的钱，你付出的时间和精力，都是让你用来开外挂的。

除了考试，这个世界上没有什么东西，是可以公平竞争的。

一个打工人，到了35岁，居然要到处找招聘广告，还要投简历求职，要跟后辈"公平"竞争，也太惨了。

可以肯定地说，几乎没有哪家公司，会对35岁还在自己投简历求职的人感兴趣。

年轻时，多努力，让自己成为专业人士；多向上社交，结交贵人；多与人为善，形成自己的圈子；多学点东西，最好有个赚钱的副业，多几项技能傍身。这样才会不断向上，不至于到了35岁，还要自己投简历求职。

Ⅴ
找工作很难，你该怎么办

身为"资深跳槽犯"、白手起家的创业者，我还是有一点经验的。

首先你要明确：求职其实就是销售，你是在推销你自己。

整体而言，这是一个学历过剩，而工作岗位稀缺的时代。要推销好自己，需要更多技巧。

其次你要明确，上赶着不是"公平"买卖。一旦你需要自己投简历找工作，就已经落了下乘。我创业前跳过很多次槽，没有一次是自己投简历的。十几年前，我进某杂志社做编辑，是因为我之前就是他们的作者。同样的逻辑，你在读大学时就去某些公司实习，毕业后就比较容易入职。你跟某些公司有业务往来，或者先做兼职，他们有岗位需求，也会优先考虑你。

后来，我有几次跳槽，都是熟人介绍。比如我有过一次很好的工作机会，是对方在微博上找过来的。让自己有影响力，别人就会主动找你。你工作几年后，应该做出一些成绩，应该有一个不错的圈子，可以帮你介绍好工作。

如果不得不投简历找工作，一定不要"海投"。一份简历打天下，这对自己是很不负责的。一定要花点时间，充分熟悉目标公司的情况、岗位需求，有的放矢，再去写简历。

甚至，你还可以更进一步：找出这个行业里的10家优质公司，一家家研究，一家家去投简历、面试，然后记住面试官问的问题，回来找答案，修改简历，继续投下一家。

有人问我：怎样找到这个行业里的10家优质公司？问这个问题的人吧，应该有点自知之明：你找不到工作，就是你自己不行，别赖大环境。

其实我们也可以转变一下思维：找工作是为了赚钱，那也可以不找工作，直接去赚钱啊。互联网时代，让个体创业、在家赚钱成为可能。但大多数人的路径依然还是"找份工作"，其实没有必要。

一定要有在家赚钱的能力，一定要有不依附任何人就能赚钱的能力，一定要有随时随地就能赚钱的能力。如果你在哪里都能赚到钱，那你想去哪里就能去哪里。

我还是打工人时，副业收入就一直是月薪的好几倍。这也是我最后去创业的底气。当你靠副业赚到钱，就会发现，你对工作其实也没有那么计较了，当然也不会有所谓的"35岁焦虑"了。

Ⅴ 老板可能是你此生最大的贵人

前两天跟人提到我前老板侯小强，我说："这是一个极其聪明又极其努力的人。当年他在新浪工作，天天加班到电梯停运，要爬楼梯上楼。"

同时，他非常有眼光，2009 年我入职盛大文学时，侯小强说，目前网络文学作家最高年收入不过千万元，未来会有年收入过亿元的作家。2015 年，唐家三少年度版税收入达 1.3 亿元。

2019 年，我转发了侯小强不少微博。那正是我的至暗时刻。这些内容给了我勇气、信心和方向。

我现在做事的方法、逻辑，大半是在盛大文学工作时跟他学的。侯小强的新书《靠谱》，很多内容我都非常熟悉，就是他当年经常教训我们的话。但这本书我还是读了很久，每天只能读三五页，就读不动了。好有一比，有些书是鸡汤，可以大口大口地喝；《靠谱》则是精纯的能量块，你只能一点一点地啃，否则消化不了。这本书没办法做书摘，每一页都有很多金句。

侯小强说，这本书"每句话的背后可能都有一个血淋淋的教训"。没经历过的人，不会懂这句话。我大概是懂的，懂一点点。

我给公司每位员工都送了这本书。有员工跟我说读完了，非常受益。我说你有时间再读，慢慢读，多读几遍。读一遍会有一遍的收获。如果有一天你自己创业了，再来读，会更有收获。

员工笑嘻嘻地问："鲆叔，你跟你前老板谁更聪明、努力又靠谱？"

废话，当然是我……远不如他。如果我在做一个项目，发现他也要做，我要么马上放弃，要么就投奔他，跟着他做。打不过，就加入。

回顾在盛大文学工作的那几年，最大的遗憾就是：他说的那些话，我当时没有完全听懂，没有完全照做。直到自己走了很多弯路，踩了很多坑，碰到头破血流，才渐渐明白。

一个厉害的老板，可能会是你此生遇到的最大的贵人。你跟他做事，就像在读顶尖级的大学。你当时可能会觉得他严苛，他PUA你，但当你离开，当你开始为自己做事、为自己负责时，你才会明白，你曾经得到了什么，又错过了什么。

我离开盛大文学已经12年，自己创业也已第9年，能力还是只够做一个小公司。每一天好像都江郎才尽，每一天都在遭遇天花板。如果当年多一些努力，也不至于如此。

往事不可谏，来者犹可追。

老板喜欢什么样的员工

一

老板喜欢什么样的员工？

1. 聪明能干的

一点就透，指哪打哪，干啥都能干好。

2. 勤奋努力的

不摸鱼，不偷懒耍滑，有自驱力，从工作中得到乐趣，愿意把工作干好。

3. 忠诚度高的

老板相信你，不担心你会跳槽、会背后捅他一刀。

做到前两点，你就是个优秀打工人；再做到第三点，你就是领导心腹，前途光明。

二

有人建议我补充员工喜欢什么样的老板。

老板不需要你喜欢。大多数人喜欢的老板无非是多给你钱、让你少做事、哄你开心。这是个不可能三角。这样的老板根本不存在。如果存在，他迟早会把公司干垮。

老板的道德底线是按时、足额发工资。你不应该也没有资格对老板提其他任何要求。

老板给你钱，你还希望他讨你喜欢，这是不道德的。

如果你不喜欢你的老板，可以换一个，或者自己去做老板，按照自己喜欢的样子去做。

如果你既不喜欢老板，又不肯辞职，那就说明，你只配得上现在这个。当然反过来也一样。

不要随便辞职创业

打工人千万不要随便辞职创业，更不要去开咖啡店、花店和书店。

一

有人找我，问能不能来我公司工作。说不要工资，管吃住就行。

我很感动，然后……无情拒绝。

他之前创业失败，欠了不少钱。来我这里的目的，是想跟着我学习，以图东山再起。

但是我们招员工，最不愿意招的就是创业失败者。

当过老板的人，眼界高了，能力却未必提高多少，很难扑下身来干具体的活儿；

身上有债务，经济压力大，不可能安心赚死工资，容易心浮气躁，可能铤而走险；

他绝不会安心打工，而是时刻想着东山再起，有机会就会另起炉灶，甚至成为你的竞争对手。

招这样的人，就是在给自己惹麻烦。

二

我做过上千个创业个案咨询，看过许多成功的、失败的案例。

我的经验是：大部分人，都不适合去创业。尤其是你对创业一无所知，贸然试水，甚至押上全部身家，结局往往会很惨。

而且你一旦创业失败，背下巨额债务，你就是想再去找工作，都不是那么容易。大部分公司，都不会愿意招创业失败的人。

创业是九死一生的事。大部分初创企业，都活不过 5 年。

创业也是一条不归路，你只能硬着头皮往前走，没有办法回头。

三

前两天有人问：如果开一家猫咖，一边救助流浪猫，一边卖咖啡，会不会饿死？

我回复：单纯开咖啡店我都不赞成，何况是猫咖（饿死不一定，但一定会赔死）。

然后有位动保义工回复：千万别开这样的店。之前有不少人做过，都是赔个底掉。最后咖啡店关门，猫被遗弃，还是义工筹款善后。

四

我反复强调过：

做生意，是需要一点生意头脑的，也是比打工更辛苦、更反人性的。

大部分人，根本不具备任何生意头脑，没有任何创业经验，甚至打工都打不好，然后还要基于情怀和喜好去创业，都会死得很惨。

五

我一直以来的建议是：

1. 不要轻易创业。最好先做点副业，再去创业。副业收入超过正职收入的 3 倍，才可以考虑辞职单干。

2. 如果一定要创业，尽量选择互联网轻创业，而不是实体店。投入要小，风险要低，不至于赔进去身家性命。

3. 如果一定要开实体店，一定不要开看上去高雅的咖啡店、花店、书店。加入自己不喜欢的、很辛苦的行业，比如早餐店、五金店、小超市，还是相对容易活下来的。

4. 无论你开什么实体店，都要改变传统的获客模式和盈利模式。要线上线下相结合，低成本解决流量问题，设计更多后盈利模式。

不要再幻想安稳的工作了

说过很多遍，不要再幻想安稳的工作了。

一

"考个好大学，找个好工作"，这种思维，30年前还是对的。当时受过高等教育的人少，考上大学，还是实现阶层跃迁的有效手段。

当时是千军万马过独木桥，你只要能挤过去，就会分配工作，分配住房，甚至解决婚姻问题。

现在呢？就是985、211院校的学生，出来一样是"社畜"，格子间里早九晚五，上下班路上堵两三个小时，掏光6个钱包，都付不起北上广深一个小房子的首付。

二

我说过，读书不能改变命运，赚钱才能。

但是，你在读大学时，有人教你赚钱的技能了吗？

大学只是培养打工人。没有人会／能教你赚钱。

你从小到大，辛辛苦苦读了那么多年书，花了那么多时间和精力，交了那么多学费，却还是没有能力去独立赚到哪怕一分钱，只好去打工。

去打工你心情还不好，觉得老板压迫自己，同事排挤自己，在地铁里被挤成沙丁鱼，赚那点钱不够养家糊口……

好了，停止抱怨。

想点有用的，做点有用的。

三

你可以在做好主业的同时，多努力一点，尝试去做副业，先赚点小钱，再找新的机会。

这个时代最大的好处，就是互联网创造了无数机会，你可以有更多赚钱的可能。

我有一本书，《多赚一倍》，可以看看。

李鲆书友会，也会陆续提供一些赚钱的逻辑、方法和项目。

Ⅴ
怎样才能升职加薪

1. 首先明确两点：第一，我们往往会高估自己对公司的价值；第二，正常情况下，老板也不会对有卓越贡献的人长期视而不见。所以，提升职加薪要特别谨慎。

2. 跟老板谈加薪之前，要确定公司是在走上坡路，起码是在赚钱的。公司不赚钱，你再能干，也不大可能给你加薪——但可能给你升职。

3. 如果你创造的价值远远超过薪水，老板会愿意给你加薪。十几年前我要离职，公司挽留我，是直接加薪 50%。

4. 但是要特别提醒，不要用离职来威胁老板，否则可能弄巧成拙。我当时是真心想离职的，后来还是离开了。

5. 如果你是稀缺的，不可替代的，谈升职加薪就会容易很多。

6. 不要只把自己当成螺丝钉，只干本职工作。你应该关注上游和下游的人，了解他们在做什么，需要什么，你怎样才能更好地配合以及管理他们。养成这个习惯，就容易提升自己的能力，也容易升职加薪。

7. 如果老板给你加任务，没谈加薪，你可以直接去干，也可以跟老板说我先做起来，做好了希望能加薪若干。而不是说你要先给我加薪，不加薪我就不干。

8. 跟老板谈升职加薪时，要寻找恰当时机，要提前做好功课，反复练习。

9. 恰当时机指的是：第一，公司顺风顺水；第二，你对公司贡献巨大；第三，你还可以为公司源源不断地提供价值；第四，老板心情好，以及某些跟老板深度连接的时刻。

10. 即便如此，老板也可能因为其他原因，比如需要员工间的平衡，不能给你升职加薪。你对此要有心理准备。

11. 跟老板谈升职加薪时，要态度温和，有理、有情、有节。既要前情回顾，也要展望未来——给老板画饼。切忌攀比、诉苦，更不可威胁。

12. 提前想清楚，如果老板不能满足你的需求，后果会怎样？他会心怀愧疚，以后对你更好，合适时候再给你升职加薪？还是你从此再无希望，只能离开？

Ⅴ
你的薪水要配得上你的能力

发现有些打工朋友的想法是：只要老板钱到位，啥工作咱都会。

别开玩笑了，老板钱到位，你该不会的也还是不会。

你现在是一个月赚 3000 元的打工人，忽然有个 3 万元的岗位空出来了，你能胜任吗？

能力，是需要一点点提升的。你拿 3000 元工资，再努力做事，能力边界估计也过不了一万元，何况你还未必努力工作，还在天天摸鱼。

你需要到更高的岗位上，做新的工作，才能提升自己的能力，才配得上更高的薪水。

从另一个角度来说，老板也不是傻子，你没干出成绩时，他为什么要多给你钱？

你想要更多的钱，肯定是要先多付出，要多努力，干出成绩来，他才可能多给你钱。

如果你干出成绩来，他还是不肯多给你钱，你就跳槽好了。

10 年前我有次提辞职，老板二话不说，直接给我加了 50% 的薪水，我由此成为公司有史以来加薪幅度最大的员工，你们猜老板这样做，是为了什么？

差不多 20 年前，我离开某单位，4 个同事接手我的工作，还叫苦连天。

拿 3000 元，该不该干 9000 元的活儿？这对我来说，根本不是个问题。我的打工人岁月，一直都是这么干的。

结果很简单，要么老板给我加薪，要么我跳槽，找到更好的工作。

我在打工时做的那些积累，可以支撑我后来离职创业。

而现在，我的前公司已经雇不起我了。

或者干脆这么说，已经没有什么公司雇得起我了。

鲆叔语录
给打工人的 18 条建议

1. 不要轻易辞职，尤其不要裸辞。

2. 不要轻易跳槽。高薪老员工，有猎头挖，也要特别谨慎对待，搞不好是个陷阱。

3. 不要轻易创业。尤其是打工都打不好，去创业大概率会"死"得很难看。

4. 大公司高管离职创业，试图复制原公司框架模式，大概率也会"死"得很难看。

5. 如果你对公司十分满意，大概率说明，你配不上公司，要警惕了（情场也一样）。

6. 如果你对公司很不满意，天天抱怨，却不肯换一家公司，大概率说明，你也配不上更好的。

7. 职场有潜规则，也有元规则。元规则就是，你要提供剩余价值。你能提供的剩余价值越多，你就越有价值。

8. 干出成绩，或者再说明白点，你提供了非常多的剩余价值，才有资格跟老板讨价还价。

9. 心理正常的老板，不会去刻意为难某个员工。相反，他看到某个能干的员工，是恨不得去讨好的。

10. 又体面、又清闲、又稳定、赚钱又多的工作，基本是不存在的。能占一两条就很不错了。

11. 离开公司你是什么，是一个需要不断追问自己的问题。

12. 别相信躺赚、暴富、财务自由。不要乱投资，不要轻易借钱给别人。如果借了，就做好他不会还的心理准备。

13. 认识几个收入比自己多 10 倍的人。研究他们做什么，怎么做。

14. 做终身学习者。在不断变化的时代，唯有不断学习，才不会被时代抛弃。

15. 养成运动的习惯。最简单的方式莫过于，在离公司还有 3 公里的地方下车，快走过去。

16. 养成为价值埋单的习惯。拿你有的，换你要的。

17. 拥抱不确定性。

18. 多努力一点。每天多工作两个小时，多赚点钱。做份兼职，或者做个副业。

际遇

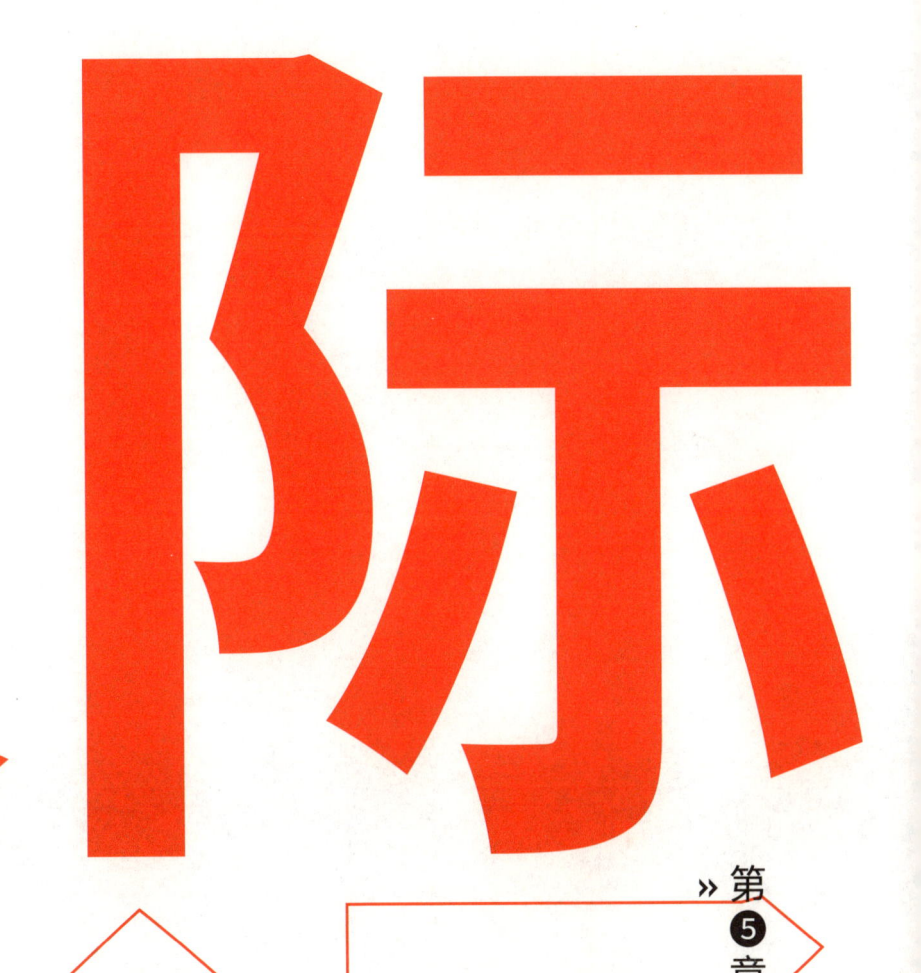

> 第 5 章

跟更优秀的人一起走

与更优秀的人为伍,让熟人对你的负面影响降到最低。

向更优秀的人学习。盛名之下无虚士,他优秀肯定有优秀的道理。

曾经有人说:"如果你想走得更快,就自己出发;如果你想走得更久,就跟别人一起走。"

其实还有第三种选择:跟更优秀的人一起走。

Ⅴ

怎样找到牛人并与之同行

我一直在说,熟人使人落后。

我一直在建议,你要认识几个比你优秀 10 倍的人——收入是你 10 倍的人,影响力是你 10 倍的人,学识是你 10 倍的人。多研究他们在做什么事,怎样做事。有时候,他们说的一句话,就能让你少走很多弯路,甚至让你少奋斗 10 年。我大概认识上百位这样的牛人。

该怎样找到牛人,并让他们愿意帮你呢?

其实也很简单。

一

先讲一个故事。

2020 年,我还是个三四万粉丝的微博用户,想去问微博某位行业大牛一个问题。

当时他有 300 多万粉丝，评论区动不动就上千的转赞。当然，人家肯定没有关注我。

我该怎么办呢？非常简单粗暴：先给他私信发了个红包，然后说："× 老师，有个问题请教您……"

他没有收红包，但是很快详细地回答了我的问题。然后他回关了我，偶尔会跟我互动。每次转发，都能给我带来四五万的阅读量和三四十个粉丝。

我当时正常阅读量也就三五千。

二

问人问题前，先发红包，一直是我的习惯。

六七年前，我问一个做生意的朋友问题，也是先发红包。后来大家熟了，我就问他："你好歹也是身家大几千万的人，两百元红包你也好意思收？"

他说："生意人要养成随手赚小钱的习惯。不过你先发红包再问问题这一招真好使，本来我都不知道你是谁，本能地收了红包，也就不好意思不理你了。"

三

之前有人问我，怎样找到牛人并与之同行。我当时的回答有点简单粗暴：给牛人付费。

他出了书你就买，他有课你就付费听课，他有社群你就付费加入，问他问题就先发个红包。他可能并不在乎你这点钱，但是他会知道，你是重视他的，是愿意为价值埋单的。

说得更直白一点，付费是一个筛子，把最底层的那些人筛掉了。

四

其实要结交牛人，还有很多方法。

牛人也是人，也需要别人为他提供两种价值：经济价值和情绪价值——在微博上，还有数据价值。

正常来说，经济价值大于情绪价值大于数据价值。但有时候，情绪价值也可以超过经济价值。

我之前说过：人生无非是，拿你有的，换你要的。你有什么呢？你还不够牛的时候，可能没有多少钱，但你有时间，就可以提供情绪价值和数据价值。比如，关注哪位牛人，每天都去转赞评，这也是在提供情绪价值和数据价值。

还有一个小小的技巧，不要只转赞评牛人那些热门微博。更应该关注牛人"恰饭帖"（广告）或疑似"恰饭帖"，转赞评越少的，越应该去转赞评。

这个逻辑，不需要我解释了吧？

五

买牛人出版的书，这件事也可以优化，附加很多情绪价值和数据价值。比如看到牛人微博发卖书广告，随手转发，并说"期待已久，马上去买"。

买了书，先在微博晒单，附几句话，刚刚下单买了某某的书好期待之类，并@牛人。

书到手了，拍照，阅读，画重点，写批注，写读书笔记，再发微博，再@他一次。

你还可以把书推荐给朋友，在微博上@他，告诉他有本好书值得你读，当然记得@牛人。你还可以直接买书送他，当然要发微博。

你还可以发微博，说自己读完书有什么收获。之前我有位读者说读了《多赚一倍》，半年内多赚了10倍，我马上就记住他了。

参加牛人线下见面会、读书会，认真准备问题，准备好书让他现场签名，跟他合影，再写感受，晒微博，并@牛人。

用点心思，同样买一本书，这样做你可以附加百倍以上的情绪价值。

课程、社群及其他产品，一样可以触类旁通。

六

还可以继续优化，比如，牛人出书，你直接买个十本八本，微博转发抽奖。记得认真写下读后感，抽奖要求里写上关注自己和牛人、转发。

这样花不了多少钱，大概不够你请牛人吃顿饭。

而且大家不熟，你请他吃饭他未必愿意吃是不是？

七

按照以上逻辑，你可以优化你的很多行为。

付费是提供经济价值，但是很可能，你付费已经付到自己很心疼了，对牛人来说你这点钱根本不算什么。

那么就努力给付费附加情绪价值，这会让你的钱花得超值。

不用怀疑，我是从最底层一步步爬上来的，上面这些，我都经历过，都做过——包括花钱很心疼。

"世事洞明皆学问,人情练达即文章。"

八

最后还是要说,找到牛人并与之同行的最好方法,是让自己也成为牛人。

你成为牛人,就更容易结交牛人。

不用给自己设限。一个人足够好学、努力、靠谱,就可以成为自己想要成为的人。

∨
你是什么样的人，就会吸引什么样的人

如果你是一个理性、温和、坚定、三观闪闪发光的人，是一个靠谱、努力、勤勉、好好学习天天赚钱的人，是一个与人为善、为他人提供价值的人，那么你吸引来的，一定也是这样的人。

你就处于一个非常舒服的能量场里，身心舒畅，没有消耗，做什么都容易。

相反，如果你是一个怨天怨地、习惯挑刺、各种抱怨、占小便宜、胡搅蛮缠、挑拨离间的人，你身边也一定都是这样的人。

你们会形成一个负能量场，天天在生气，时时在愤怒，久而久之，身心都会出问题，人际交往也不顺，做什么事都不顺。

你是什么样的人，就会吸引什么样的人。

成为什么样的人，跟什么样的人在一起，这很重要。

Ⅴ
别人怎样对你，是你允许的

杨紫琼在一次接受采访时，说到成龙：

"他总是说女人应该待在家里做饭，什么都不做，像个受害者。

"但他也说了：'除了杨紫琼。'因为我会狠狠教训他。"

别人怎样对你，是你允许的，甚至是你鼓励的、纵容的、培养的。

我小时候，妈妈动不动就歇斯底里，经常打骂我们。但当我长大成人，经济独立，娶妻生子，她就不再对我发脾气。因为她知道，我很讨厌她这样，而她也无法再控制我。

我曾经有一位脾气暴躁的上司，动不动就劈头盖脸地批评甚至辱骂下属。但他对我，始终客客气气。当然是因为我工作一直干得不错，但更重要的是，他知道我不吃这一套。

每个人都有对待别人的方式，但你可以不接受。你可以要求他改变自己，用你能接受的方式跟你相处。如果他做不到，就批评他、拒绝他，或者惩罚他、离开他。

别人怎样对你，是你允许的、培养的。

成龙是大男子主义者，却对杨紫琼是另一种态度，因为杨紫琼不允许，"会狠狠教训他"。

熟人使人落后

大多数人的一生，都是在熟人圈子里度过的。

七大姑八大姨、从小玩到大的发小儿、大学时的校友、参加工作后的同事……他们构成了你的社交圈。

容我说句刻薄的实话，这些人，大半是目光短浅、见识平庸的。除非你是含着金钥匙出生，你的亲友都是牛人，否则你的熟人圈很难给你太多的支持。相反，他们还总会担心你、质疑你，你想做点什么事都不敢让他们知道。

就更不用说如果你干出了点什么成绩，他们会嫉妒你、仇视你。

我常说一句话："熟人使人落后。"如果十年过去了，你身边还是从前那些熟人，大家都没有什么进步，那你也很难有什么进步。

你要不断提升自己，同时不断升级你的人脉圈。

与更优秀的人为伍，把熟人对你的负面影响降到最低。

向更优秀的人学习。盛名之下无虚士,他优秀肯定有优秀的道理。

当你接触的人越多,层面越高,你就会发现:

越高端的圈子,大家越会相互支持,抱团发展,因为你好了大家都好;

越低端的圈子,越喜欢诋毁、嫉妒、相互拆台,我不好,我也不想让你好。

曾经有人说:如果你想走得更快,就自己出发;如果你想走得更久,就跟别人一起走。

其实还有第三种选择:跟更优秀的人一起走。

Ⅴ
你为什么遇不上贵人

我有个做事喜欢拐弯抹角的亲戚，老公退休前，在某大省做要员。

有一年，她老家农村有个穷亲戚的女儿考到当地某大学，离她很近。她非常高兴，就想努力培养这个女孩子。

她带这孩子参加一个饭局，一起吃饭的人都非富即贵，当然也有各种"二代"。

她已经提前告诉这孩子，饭局都有谁。没想到的是，这孩子上桌之后，心无旁骛，埋头苦吃，最后，居然……问服务员要打包盒，打包了两个菜。

她说这辈子她都没有这么尴尬过。

后来又因为什么事，她教这孩子，该怎么做事。这孩子很不耐烦地说："俺妈都不管俺，你又不是俺妈，管恁多弄啥哩？"

她本来是想带这孩子多结交些高端资源和人脉，毕业后留在身边，安排个好工作，升职加薪其实就是一句话的事儿。再找个好人家嫁了，一辈子都安排妥当了。

但类似事情发生过几次，她就彻底死心了。麻绳穿豆腐，提拉不起来。

这孩子后来大学毕业，找不到工作。父母又来求她，她用了老公的关系，在老家县城帮这孩子安排了个工作，也就是个普通职员。

我现在回头看看，其实自己也有很多次，错过了贵人相帮的机会。人家想提携我，却因为我的无知和愚蠢错过了。直到现在，我才知道，自己当年做错了什么，又错过了什么。

我现在看到某些人，也会暗自叹息：他们不知道他们错过了什么，又是因为什么而错过。

你为什么遇不上贵人？其实不是遇不上贵人，而是你不值得贵人帮。

你要让自己配得上贵人。

Ⅴ
考量人品，才能选对人

一

首先是选对人，然后才是沟通、博弈、服务、管理。人选错了，任何技巧都白搭。

怎样选对人？第一，基数足够大，可以挑挑拣拣；第二，明确重点，不能"既要又要还要"；第三，设置门槛，明确标准，把不合适的过滤掉。

以上，适用于任何场景：朋友、伴侣、员工、客户、老板。

当你知道自己选错人了，要果断换掉，不要拖延。

二

2019 年我们众筹做了一个项目，出于某些原因赔得一塌糊涂。

这个众筹是我牵头的。我就自己把众筹的钱全还了。

有四五十个人参加众筹。我是一个个跟人打招呼：如果急用钱，就提前一周跟我说，我肯定足额还；如果不急用，那就让我缓缓手。

当时我的另一个项目也赔钱，所以还钱还得很辛苦，差不多用了两年才还完。

后来我不管想做什么事，大家都相信我，愿意给我支持。

我在说什么呢？你要做什么事，要跟谁合作，要追随谁做老师，首先要考量的是人品。

他一直以来的三观是什么样的，他怎样对待金钱，他怎样对待朋友。他有没有搞过什么小动作，坑过什么人。他是否遵守规则，有没有总想钻空子，占便宜。你跟他在一起，担心不担心他会害你。

如果他跟别人合作不守规矩，那么他跟你合作大概率也不会守规矩。如果他坑过别人，那他大概率也会坑你。

要远离这样的人。

要走正道，才能走得远。

Ⅴ
盛名之下无虚士

有人问鲆叔对某人的看法,鲆叔回了 7 个字:"盛名之下无虚士。"

一

比你有名的人,肯定是在某个方面,甚至在某几个方面,比你厉害。

哪怕他的能力配不上他的盛名,但他能有盛名,肯定还是有两把刷子的,起码在某些方面,比没有盛名的人强得多。

哪怕他的盛名只是时代使然,你也要想想,为什么同样的时代,只有他出头,别人没有?

二

我年轻时,遇到盛名之人,习惯去发现"皮袍子下面的小",然后开始挑剔、嘲讽他们——人贵有自知之明啊,那时自己就不知道自己有多蠢、有多讨厌。

现在,我就习惯分析他何以享有盛名,有哪些值得自己学习的地方。他只要比我有名,就一定有比我优秀的地方,值得我学习。

这是一个非常好的习惯,能让自己受益终身。

三

我们不肯承认别人比我们高明。

一旦见到比我们厉害的人,我们就会去找理由——他是因为出身好、运气好,才做到这一步的。或者干脆去攻击和鄙薄他——他就是个骗子!

时刻提醒自己,不要做这样的人。

四

我说过,有些人,就是靠批评和攻击别人,来刷存在感和价值感。

自己一事无成，却擅长做批评家，天天批评那些比自己厉害十倍百倍甚至千倍的人这里不对、那里不对，还要指点江山教人家做事，真是搞笑。

更有甚者，根本就是赤裸裸的仇恨，就是出来"泼妇骂街"的。逮谁骂谁，谁出名骂谁。

我其实挺理解和怜悯这些人的。你去看看他的生活，他都活成那样了，还不允许他撒泼打滚，不允许他拍大腿骂街？

还讲不讲道理？还让不让人活了？

五

时刻提醒自己，"盛名之下无虚士"。

不管他是做什么的，不管我喜不喜欢他，只要他在某个方面比我做得好，那就一定有值得我学习的地方。

有诋毁、鄙夷、嘲讽别人的工夫，不如去努力，让自己也有盛名。

然后，你大半会绝望——人家有盛名是真的有道理。你无论如何，也做不到。

你没有经过足够努力，就不知道自己到底有多差劲。

六

但，可以更好一点，总是好的。

Ⅴ
人脉重要还是能力重要

人脉重要还是能力重要？

答案是：都重要。而且二者互为因果。

如果你有非常优质的人脉，你并不只是从他们那里得到资源、机会，更重要的是开阔眼界、提高格局，这会提升你的能力。

而你能力越强，就越容易把握住优质的人脉。

所谓人脉，不是你认识谁，而是谁认识你。你对别人有价值，别人就会成为你的人脉。

所以，如果你没有优质人脉怎么办？

1. 主动出击，结交更多人脉，然后筛选出更好的。
2. 苦练内功，提升自己。让你配得上更好的人脉。

Ⅴ
良好的沟通，可以解决 80% 以上的问题

沟通可以分为高效沟通和高情商沟通，但二者并非泾渭分明。只是因时、因事、因人侧重不同。

简单来说，沟通有 9 项原则：

1. 清晰明了

想明白，再去说。

想明白自己想要表达什么，简洁、清晰、有层次、有重点地表述出来，避免含混、歧义。

可以先写出来，反复修改，直到确认清晰、无误，再去沟通。想明白自己沟通的目的是什么，自己想要什么。围绕这个目的去沟通。

2. 重点前置

最好先说结论，再做解释。有时候也需要先把结论隐藏起来，

通过故事、逻辑、事实，得出结论。

最好分层次，用首先其次再次最后，或一二三四标注。但这容易给人公事公办的感觉，有些场合并不适用。最好一次只沟通一个问题，一个问题只谈三点。

3. 勿带情绪

沟通是为了解决问题，而非制造、激化矛盾。

沟通出问题，往往出在情绪上。要先解决情绪，再解决问题。

要先解决自己的情绪，再解决对方的情绪。

4. 换位思考

习惯站在对方的角度，了解对方的想法。

照顾对方的情绪。

照顾对方的利益。

帮对方挖掘他的真实需求。

5. 肯定对方

先让对方说，多让对方说。多听少说，也是肯定。

神情专注，身体微微前倾，点头，用肢体语言肯定。

不断说"嗯""对""然后呢"。

用"挺好的，另一个角度是"来代替"你错了"。

6. 互相复述

对方表达完之后，复述对方的内容，"您的意思是……我有没有理解错误？"

最好也请对方复述一下你的意思。

7. 因人而异

以上对下、内部沟通、沟通对象非常优质，可以少照顾情绪，坦诚说出心中所想，就是所谓的高效沟通。

反之，需要更多照顾情绪，需要更多沟通技巧，就是高情商沟通。

沟通困难，又没有价值的，就离远点，尽量不要沟通。

8. 文字确认

在电话沟通或面谈前，先用文字发沟通要点给对方，然后一一对照，避免遗漏。这是非常好的习惯。

每次沟通后，先口头做个总结，再形成文字备忘，双方确认。

9. 尽量少用"你"和"你们"

在演讲、沟通、培训、日常交往过程中，都应该尽量少用"你"字，"你们"也一样尽量少用。"你"，给人的感觉是生硬、疏远，甚至是没有礼貌、咄咄逼人。

可以用"您"来代替"你"，但"您"也要尽量少用。"您表达了尊重和礼貌，但同样感觉疏远。

可以用"大家""各位""同学们""同志们""团友们"来代替"你们"，不经意间就拉近了心理距离。

可以用"我们""咱们""咱"来代替"你"和"你们"，更能拉近心理距离。

可以用"哥""姐""叔""阿姨"来代替"你"，做销售的人特别擅长。

可以直接用名字、昵称、绰号来代替"你"。

可以用"某长""某总""某老师"来代替"你"，在这些称呼后面再加上"您"更好。比如，"某总，您看看这个合同"。

V
刀子嘴就是刀子心

不要相信刀子嘴，豆腐心。正常情况下，刀子嘴就是刀子心。

老话说"言为心声"，什么意思呢？

你说的话，也就是你的表达方式，是你思维方式的外显。

那么反过来，有意识地训练自己的表达方式，其实也就是在训练思维模式。

好好说话，慢慢就会把自己变得更好。

相反，永远用粗俗的方式，不讲逻辑的方式，口吐芬芳的方式，攻击性强的方式，去说话，那你的思维也就永远是这样的，不可能有改进。

刀子嘴豆腐心的概率其实很小。刀子嘴就是刀子心，豆腐嘴就是豆腐心，这才是大概率。

早些年，我曾经有意识地训练自己改变说话方式。

方法很简单，要求自己有逻辑、清晰、不带攻击性地说话。不断觉察，发现说错了，就马上停下来，重说。

然后一度发现，自己完全不会说话了。一张嘴就错。

怎么办呢？还能怎么办？就是不断地重说。

一旦发现自己说错了，就马上停下来，"对不起我说错了，我重说一遍"。

就是这样刻意练了两三个月，基本把尖酸刻薄、习惯抬杠、攻击指责、指桑骂槐的毛病，改得七七八八了——没完全改过来，现在有时候也还是会犯，因为那是我从小养成的说话习惯。

但总算好很多了。

然后，就发现自己，确实也变得温和、理性、包容很多了。

Ⅴ
做人的底线，是不要损人不利己

我们与他人的关系，大概有 6 种：

1. 利人利己

这是合作共赢，是人生的最高境界，会让世界更美好。

一定要多做。

我就特别喜欢设计多赢模式，这是商业文明的基石。

2. 不损己而利人

对自己没啥好处，但也没啥坏处，但对别人有好处。

顺手的时候，尽量多做吧。

3. 损己利人

损己利人，庶近圣人。

当然也分层级，拔一毛而利天下，我也可以；但牺牲自己拯救别人，这就很难。

你愿意就做，不愿意就不做。不要去要求别人。

不要被道德绑架，更不要去道德绑架别人。

4. 损人利己

除正常的竞争外，损人利己可以说是小人行径了。

除非迫不得已，否则不要去做。

也要远离习惯损人利己的人。

5. 损人不利己

这是垃圾人喜欢做的事，他们的共同特点是：没有道德、智商低下。

理论上，这是一定不能做的事。但每个人都难免有犯糊涂的时候，都可能做过损人不利己的事。

只能时刻警醒，提醒自己，不要去做。

6. 损人又损己

习惯损人又损己的人，基本都是脑子不正常。

不要跟他打交道，赶快拉黑。

Ⅴ
"劝分不劝合"的人生真相

好多年前，有朋友跟我抱怨自己老公，把老公说得简直一无是处，啊不，简直是十恶不赦。我很真诚地对她说："你老公配不上你。赶快分。"

她整个人都震惊了——我猜她的心理活动是这样的："兄弟你怎么不按常理出牌呢？难道不应该跟我一起骂我老公吗？"愣了好一会儿，她终于说了一句话："我老公吧，其实对我也挺好的。"

我一直是"劝分不劝合"的。无论是情场，还是职场。

但真的听劝，分了的没几个。为什么呢？天天抱怨老公赚钱少、不做家务又不肯离婚的主妇，跟天天抱怨公司钱少事多又不肯辞职的，其实是一路人。以他的认知、能力、眼界、格局、勇气，他所抱怨的伴侣，就已经是他能拥有的最好的伴侣；他所抱怨的老板，就已经是他能选择的最好的老板；他所抱怨的生活，就已经是他配得上的最好的生活。

他们其实都清楚，自己这德行，也配不上更好的。他们不肯努力提升自己、改变自己，只是拿别人当免费的情绪垃圾桶，甚至他们一边拿你当情绪垃圾桶，一边还仇视你：凭什么你过得比我好！

早些年有人来跟我抱怨，我还会耐心倾听，给出建议。后来就简单粗暴，直接建议分——离婚或者辞职。

当然这个建议大概率是没有用的。分，是不会分的。但这样做有很大的好处，就是你建议他分之后，他就不会再来跟你倾诉、抱怨了。我不喜欢抱怨，只习惯解决问题，我就不用再给他当情绪垃圾桶了。

这就是人生的真相，绝不美丽，绝不温情，十分残酷。你需要足够强大，才可能放弃你抱怨的，拥有你想要的。

V
无所谓平等，只是合作与博弈

老公和老婆，打工人和老板，个体和国家，其实都是既合作又博弈的关系。

无所谓平不平等，你愿意或不得不进入这个关系，你就得维护这个关系，并且努力让自己收益更多。

而让自己收益更多的前提，则是让自己更有价值，更稀缺，更利他。

真正盼你好的，只有两种人。

很多人可能还是没有想明白，真正盼你好的人，并不是你的熟人，甚至不是你的亲友。

或者这么说，他们会盼着你好，但不会希望你太好。

你太好了，就衬托出他们的平庸、无能。

你太好了，他们就配不上你，自惭形秽。

你太好了，就会远离他们。

大家最好是在一个差不多的水平线上，然后才能一起愉快地玩耍。

真正盼你好的，其实是两种人：

第一种，是给你钱的人，也就是你的老板。

他希望你更能干、更高效，这样才能在单位时间内干更多的事，才能给他创造更多的价值。

第二种，你给钱的人，也就是你花钱向他学习的人。

他一定希望你学有所成，成为案例。案例多了，才有口碑，才能越做越好。

最终你会明白，真正的"盼你好"，其实是商业行为，是互惠互利，是双赢的。

Ⅴ
随手帮人，少沾因果

要随手帮人，但不要随便帮人。要尽可能少沾因果。

无数个因果组成了我。我想让自己变得更好，应该尽量追求向善的因果、向上的因果。

帮人是向善的因果，但大部分情况下，都是向下的因果。

所以，我们要养成随手帮人的习惯，但是要尽可能少沾因果。

你给路边的乞丐10元，基本是不沾因果；你按月捐钱给免费午餐，基本是不沾因果；你资助一个贫困学童，已经沾了因果；你帮别人做决定，是沾了大因果；你拉纤做媒，推荐投资炒股，都是大因果。

甚至微博有人求转发，你出于义愤、出于友情，随手一转，可能也是大因果。

你在帮人时，最好充分了解前因后果，确定自己不是在站队，不是在助纣为虐。否则，尽量少沾因果。

鲆叔关于帮人的几条原则：
1. 在力所能及的范围内，多帮人。

2. 但没必要伤筋动骨。先过好自己的日子，照顾好身边的人，再去帮人。

3. 也不要被人道德绑架或情感绑架。帮人是好的，不想帮也没问题。

4. 没必要去帮烂人、坏人。

5. 帮人只是帮人，不是施恩。不需要对方知恩图报。

6. 不做心理投射。不因为怜悯自己而去帮人。

7. 不提任何要求。我资助学生，并不要求他学习好。

8. 有边界感。不介入和评判他人的人生。

9. 己所不欲，勿施于人；己所欲，也勿施于人。天下太平。

10. 尽量少沾因果。不要因为帮人，改变自己命运的走向。

11. 把做慈善跟做生意分开。帮人是帮人，生意是生意。不要纠缠在一起。

12. 把做慈善跟道义分开。帮人是帮人，道义是道义。不要纠缠在一起。

13. 有钱才能帮更多的人。多赚点钱。

14. 有影响力才能帮更多的人。我有很多条微博，都觉得是在布施。

15. 商业才是最大的慈善。

16. 别人帮我，是人情；不帮，是本分。

17. 我帮别人，我高兴；不帮别人，也不必愧疚，更不必愤怒。

18. 帮了我的人，我会感恩，但不必念念不忘想要回报。有些人我其实是没有能力回报的，把善意传递下去就好。

19. 我帮了的人，也不必要他回报，不必要他感恩。我不是在做投资，帮了就可以忘了。

20. 在力所能及的范围内帮人。先照顾好自己、家人，有余力再帮人。

21. 也必须承认，有些人是不能帮的，其实这些人也是你不应该打交道的，离远点好了。心平气和地拉黑。

22. 不肯帮人（哪怕是不值得帮的人）还破口大骂别人的人，其实是匮乏的，而且心里有太多的愤怒、压抑。当你内心足够丰盈、强大，你就会更平和，不计较。

23. 若有人把帮人当积德、投资，也是好的。广结善缘，一般来说，总是能多些好报的。

以上，是我自己的原则。我并不以此要求别人。

Ⅴ
被人质疑怎么办

经常有小朋友问我，被人质疑（批评、反对），该怎么办？

非常简单，就是三步：

1. 接受意见；

2. 表示感谢；

3. 提出要求。

大多数情况下，别人质疑你，并不是真的希望你改变什么。他只是想让你接受他的意见，对他有一个好的表面态度。

换句话说，他只是希望自己被看见、被尊重。

你只要诚恳地表示接受意见，他就不会再跟你纠缠了。

你再表示感谢，他就更满意、更开心了。

在这时，你顺势提出一个小要求，他通常都会满足你。

我们自己，要改掉好为人师的坏习惯。不要对不相干的人指手画脚。

同时也没必要因为别人质疑自己而困惑、生气。

态度要好，内心要坚定。

该做什么不该做什么，自己做决定。

对我而言，正常情况下用不到这三步，经常是顺手就拉黑了。

∨
不合群的勇气

要有不合群的勇气。

我年轻时,常被人诟病的就是:不合群。

当别人在打麻将、喝大酒、吹牛时,你在读书、写作,你就是显得不合群。

当别人在糊弄摸鱼、溜须拍马时,你在努力做事,把能做的事做到最好,你就是显得不合群。

当别人在东家长李家短时,你不说话,你就是显得不合群。

当别人说你就应该像大家一样,过这样的人生,你认为你还有其他可能,你就是显得不合群。

但现在回头看看,那些说我不合群的人,早被我甩到十万八千里之外了。

最浪费时间的就是合群。你要降低自己,让自己适应低质量的圈子,真是没必要。

小莫说:"当所有人都在做一件事,而你不合群的时候,你就像那个怪物，但这不重要。"

是的，不重要。

你不可能跟多数人想的一样、做的一样，却试图成为少数人。

重要的是，你想成为什么样的人。

Ⅴ
我为什么极度讨厌争论呢

我非常讨厌与人争论，原因如下：

1. 因为正确的道路不止一条

高速公路、乡间小道、铁路、轮渡、航线，都同样重要。您说飞机最快，请问 500 米开外，您是走着去合适，还是开飞机方便？

求同存异，参差百态，乃幸福本源。

2. 因为成年人要懂得边界和尊重

每个成年人，都有权在不害别人的前提下，做任何自己想做的事。

3. 因为人性需要肯定，讨厌否定

屁大点事，一旦开始争论，往往就不再是事情本身的讨论，而是输赢之争，然后很容易上升到人身攻击。

生这闲气干吗？有这时间干点啥不好？

4. 因为我是个"三观坚定的懒人"

"三观坚定"意味着很难被说服，"懒"意味着只想在舒适区待着，讨厌别人来改变我，我也讨厌花时间去说服别人，更讨厌就一个话题纠缠不休。

一言不合，一拍两散，各自跟有情人做快乐事，不好吗？

5. 因为很多人根本没有资格

平等沟通，需要三观、智商、学识、逻辑、阅历、专业度等方面的匹配。越是喜欢跟人争论的人，越是缺乏这些。

"君子和而不同"，不需要互相说服。

V

跟你没关系，才是真正的方向

一

有人漏夜赶科场，有人辞官归故乡。你能说谁做得不对？

不过是做自己想做的事，追求自己想要的东西罢了。

不必互相批评、攻击，也不必费力说服对方。

三观不同的人，若无法和平共处，直接拉黑，不必有任何交集。

与气味相投的人聚集，为给你埋单的人服务，其他种种，皆是浮云。

二

为什么一定要去努力理解别人呢？为什么一定要跟他和解呢？

没必要啊。离远点就好了。

物理距离、心理距离，都尽可能拉大一些。离远点，他就很难再困扰到你。

把他当一个陌生人好了——陌生人不需要你理解，不必去和解。他跟你没有关系。

跟你没有关系，才是真正的放下。

事实上，很多时候，一个陌生人，都不会比你身边人对你更差劲。

鲆叔语录
31 个干净清爽的人际关系的关键

1. 别人的事,与我无关。这是人际关系中最基本的边界。混淆边界的人,要么是蠢,要么是坏,要么是又蠢又坏。

2. 我自己的事,与他人无关。我自己做决定,自己负责任,不需要他人恩准,不需要他人评判,也不把责任推卸给他人。

3. 一个成年人,在不违法、不妨碍他人的前提下,尽量去做自己喜欢的事。他人无权置喙。

4. 己所不欲,勿施于人;己所欲,也勿施于人。天下太平。

5. 你是对的，我也没错。这个世界上原本存在完全相反的正确。我们走在不同的道路上，却沐浴着一样的朝阳，一样的风。

6. 两相情愿的事，谈不上有多不道德。对两相情愿的事横加批判、干涉，才不道德。

7. 人生必需品，无非三样：经济独立、人格健全、身体健康。其他种种，都是浮云。可惜的是，对于许多人来说，这些都是奢侈品。

8. 多赚点钱，可以解决人生大部分问题。赚钱的能力像其他能力一样，是可以不断学习、练习、提升的。薪水不够的话，试试做兼职、副业。

9. 拿你有的，换你要的。这个世界一直如此，很残酷，也很公平。

10. 从来没有一劳永逸的选择。关键是选择之后，你该做些什么。

11. 努力解决能解决的问题。解决不了的问题，当它不存在好了。往前走，提升自己，比解决问题更重要。

12. 不要试图自证清白。从你开始自证的那一刻起，你就已经输了。

13. 不要有受害者心态。就算你是受害者，也不要有。一旦以受害者自居，就彻底完了。

14. 不要去要求别人理解你、共情你、尊重你。这是弱者的思维。强者不会这样做。

15. 所谓强者，就是能承受更多压力，能接受更多不公，能忍受更多委屈。

16. 不怕被利用，就怕你没用。

17. 喜欢就关注点赞，不喜欢就取关。不要纠缠。

18. 非黑即白，非左即右，非朋友即敌人，非圣人即恶棍，是很幼稚而危险的思维，一定要警惕。

19. 这个时代的最大好处是，你可以跟志趣相投的人聚集，远离三观迥异的人。若你一定要跟后者纠缠，是你的问题。

20. 保持情绪稳定。坚持做正确的事，然后交给时间。

21. 归根结底，你要为自己负责。

22. 不要听一事无成的人给你的任何建议，尽可能离他们远一点。

23. 尽最大可能，对给你钱的人好一点，包括父母、老板和客户。

24. 有几个门当户对的朋友。水平差不多，三观差不多，沟通无障碍，可以互相启发、提醒、鼓励。

25. 圈子是用来离开的。不断进入新的更好的圈子，离开旧的无用的圈子。

26. 养成随手拉黑的习惯。世上无难事，只要肯拉黑。

27. 不在乎不相干的人对你的看法。不解释，不争论，不说服。他又不给你钱。

28. 认识几个收入比你多 10 倍的人。研究他们在做什么，研究他们在想什么，给他们提供价值。

29. 拿你有的，换你要的。同时明确知道风险和代价。

30. 自己制定游戏规则。别人接受规则，就一起玩；不能接受，就离远点。

31. 少社交，多修身。自己更强大、更自由，才会有更好的人际关系。

爱

» 第 6 章

好好爱自己

跟父母相处，最根本的核心是什么呢？

是你应该从跟父母相处之中得到快乐。

如果不能，最起码不应该让自己痛苦。

如果已经很痛苦了，那就尽量减少痛苦。

还有一种情况，是痛并快乐着。那就尽量多些快乐，少些痛苦。人生无非如此：如果我们不能选择最好的，那就尽量选择不是太坏的。

按照这个标准，你是不是一定要爱父母呢？不一定。如果爱父母让你痛苦，那就不爱好了。

你是不是一定要跟父母和解呢？不一定。如果跟父母和解让你痛苦，那就不要和解好了。

你是不是一定要回老家过春节呢？当然也不一定。如果回老家过春节让你痛苦，那就不要回去好了。

不要"执"。顺其自然，听从你的内心。

好好爱自己。

Ⅴ
好的爱人和糟糕的爱人

好的爱人，能滋养你的美好，抚慰你的疲惫，鼓舞你的斗志，激发你的潜能；

能引领你、提升你、完善你，给你欢乐、惊喜、温暖以及安全感；

能打开你的内心，让你拥有更开阔的视野；

能让你在面对自己和世界时，心怀善意，从容自如。

糟糕的爱人……一条标准就够了：他使你成为失败者。

Ⅴ
做一个以自我为中心的人

首先爱自己。自食其力，自得其乐。不爱自己的人，不具备爱任何人的能力。

其次爱伴侣、子女和陪伴动物。这都是你选择的，跟你关系最亲密的。

最后爱朋友。这也是你选择的，他们仅次于伴侣、子女和陪伴动物。父母、兄弟姐妹和亲戚，排序应该在朋友之后，因为这些都不是你的选择，是天然形成的、强加给你的血缘关系，也可能是我们痛苦的根源。能相处就相处，不能相处就离远点。

对与自己无关的陌生人，当然可以有同理心，最好养成随手帮人、不图回报的习惯，但一定不要被自己的善良绑架。牢记：帮人，是人情；不帮，是本分。

对你开枪的人，自然就是你的敌人；推己及人，伤害无辜的人，自然就是坏人。不需要对他们有同理心。不跟任何人纠缠。不求理解，更不求安慰。

任何让你不舒服的人，都要离远点；离远了还不舒服，就再离远点，直到彻底断联。一言不合就拉黑，乃人生快乐之本。遗憾的是，很多时候，我们做不到，只能尽最大可能离远点。

做一个以自我为中心的人。八风不动，明月照山岗，清风拂大江。

Ⅴ
温和的不婚不育主义者

身为早恋、早婚、早育人士，我自己其实是温和的不婚不育主义者。

我对女儿的要求是"自食其力，自得其乐"，建议是"多谈恋爱少结婚，可以不用生孩子"。

"自食其力"是物质层面的自立，"自得其乐"是精神层面的自立。

如果你做到了"自食其力，自得其乐"，你就不容易被任何人、任何观念而绑架。

你也会发现，你对婚育的需求，并没有那么强烈。

恋爱是人生非常美好的经历，但婚育未必是。

传统婚姻给人带来的好处是：经济互助、家务分担、廉价的性。但在现代社会，这三条都可以有更方便甚至是更优质的替代方案。

换言之，古代不结婚你会活得很艰难，现代不结婚你可能活得更潇洒。

你不要因为无知、因为习惯、因为恐惧、因为服从、因为要找一张长期饭票而轻率地去结婚。

如果你一定要结婚,那就是你遇上了那个对的人,你愿意尝试与他共度余生。你跟他在一起,是因为你开心。选择婚育,对你的人生是锦上添花。

同时,你也要确认,如果你觉得不合适,可以比较容易地,起码是不伤筋动骨地退出。

如果退出比较容易,你还可以再次做尝试,甚至吃回头草。很多事情,我们在没有尝试之前,可能并不知道它是不是适合我们。

人生可以有许多可能,分手不是什么惊天动地的大事,它代表着你即将开始新的生活。

以上建议,不分性别。

∨
30 岁以后，就不应该再抱怨原生家庭了

成年人，因原生家庭痛苦，一直不能自拔，只能说明两点：第一，你不够强大；第二，你不够聪明。

我估计，绝大多数人的原生家庭，都是有问题的。

有问题怎么办？"凉拌"。认清事实：承认父母不爱你，承认一切都是既定事实，无法改变。

不抱不切实际的希望，不要试图教育父母，不要试图拯救父母，不要指望父母会做改变——他们要能改，早就改了。

然后你要做的就是：离远点，不纠缠。

从心理距离和物理距离上，都要远离。远离到什么程度？到他们不能控制你，你觉得舒服的程度。我离家 1000 千米之后，就觉得舒服多了。

不纠缠是什么意思呢？你是独立的人，你可以按你的想法去活着，你可以活得很精彩——跟他们没有关系。

有人总说要理解父母，体谅父母，接纳父母。在我看来，所

谓理解、体谅、接纳，都还是在跟父母纠缠。

不要纠缠。为你自己而活。

不理解、不体谅、不接纳，不抱任何希望，也不必觉得自己委屈，更不必试图讨回公道。

重复一遍：这都是纠缠！

不要纠缠！为你自己而活。

一刀下去，砍断精神脐带，你才能成为独立的人，才能强大、自由。

如果你的父母让你感到痛苦，最有用的方法就是：离远点，不纠缠。

零基础做父母，先从不做错开始

我 22 岁结婚，23 岁有了女儿。

我的原生家庭很差。我一直极度缺乏安全感，努力上进，敏感、暴躁、刻薄。

当时资讯不像现在这样发达，可以查到各种育儿资料，买到各种亲子图书。

我成为父亲，开始养孩子，完全是摸着石头过河。

一

我没有可以学习的对象，只有反面教材：我父母。

我知道我父母的做法是错的，那我首先从不做错开始。

我希望父母怎样对待我，那么我就怎样对待我女儿。

就是这么简单粗暴的逻辑。

二

我希望父母怎样对待我呢？无非三点：

1. 足够的爱、陪伴和支持。

2. 平等相待。把我当成一个人，而不是奴隶，不是投资，不是工具。

3. 自由。让我有勇气、有底气去做自己喜欢的事。

那么这三点，我都给我女儿。

三

很多年以后，我写了一本书，《别把老爸当家长：写给女儿的46封情书》，讲了我的一些教育理念。

但这些都是事后的总结，在养育孩子的过程中，我并没有想那么多。

我女儿16岁时，出版了一本书，《生于1998：爱是青春最好的礼物》，非常好看的一本书。我在那本书的序言里写到，我女儿其实就是我一直想努力成为的那种人：开阔、从容、有趣。

养孩子的过程，其实是重塑自己的过程。一段全新的亲密关系，让我不断觉察，重新成长，最终变得理性、温和、坚定。

V
如果有来世，妈妈，请您做我的女儿

妈妈，我们不必在天堂相见；但如果有来世，请您一定要做我的女儿。

一

妈妈，您去世半年了。

您信教 30 多年，没理由上不了天堂；我爸应该在那里等您。您对他有很多怨恨，但也相互扶持着走了一辈子，愿你们在天堂里幸福。

至于我，是没有宗教信仰的。我很庆幸我没有，这样我们就不必在天堂相见了。

您还在世的时候，我已经逃到了三千里之外；若是真有天堂，大家还要以母子的身份生活在一起，那我宁愿下地狱好了。

我是彻头彻尾的唯物主义者。我不相信有天堂，也不相信有来世。

但是妈妈，如果真的有来世，请您一定要做我的女儿。

二

妈妈，您给了我很多痛苦，甚至直到现在，您已去世，我已年近半百，都还在努力疗愈自己。

但已经有很多年了，我不再怨恨您，而是怜悯您。

我比您自己更了解您。您经历过太多生离死别，您感受过太多的压迫和恶意。您能活下来，就已经是个奇迹。

妈妈，很多年前，我已经原谅您了。

您不曾被世界温柔相待，又如何能温柔待人？你自己都没有被好好爱过，怎么可能有能力爱别人？您待我们有多恶劣，您心里的痛苦就有多深。

妈妈，我已经尽最大努力，照顾了您的后半生。但我还是很遗憾，我们没办法亲密，甚至牵您的手扶您走路，我还是会觉得别扭、紧张。

三

妈妈，如果有来世，请您一定，一定，一定要做我的女儿。

妈妈，这一生，您拥抱我亲吻我太少；下一世，做我的女儿，让我天天拥抱你，亲吻你。

妈妈，这一生，您遇到太多的恶；下一世，做我的女儿，让我来保护你。

妈妈，这一生，您没有给我足够的安全感；下一世，做我的女儿，安全感，我给你。

妈妈，这一生，您被爱的太少；下一世，做我的女儿，让我来好好爱你。

妈妈，您知道您的孙女，也就是我的女儿，我是怎样爱她，她又是怎样的自信、自由、独立，她就是我努力想成为的那种人。

妈妈，下一世，做我的女儿，您也可以成为这样的人，成为更好的自己。

四

妈妈，后来我终于承认，您不爱我，起码不够爱我。承认之后，我开始好好爱自己，开始有了新生。

但是妈妈，我现在开始愿意相信，你是爱我的。您只是缺乏爱的能力罢了。

我相信您已经在努力爱我了,只是爱的方式不对,爱的程度不够。

也许,在爱我这件事上,您已经尽了您的所知和所能。

也许。

五

妈妈,您知道吗?您去世,比我爸爸去世,对我的打击和伤害要深得多。

办完您的后事,我整整生了一个多月病。您去世时我没怎么哭,但前两天在路边见到一个很像您的老太太,突然就开始号啕大哭。

妈妈,我是彻底的唯物主义者。我不相信有天堂,所以我们不必在天堂相见。我也不相信有来世,但我希望有来世,希望来世,您可以做我的女儿。

您不是一个称职的母亲,但我已经确定,我可以做一个很好的父亲。

Ⅴ
首先是人，其次是女人，最后才是母亲

就我所见所知，一部分母亲是不称职的。她们连善待自己都做不到，更不要说善待孩子。

女人未必要结婚，未必要成为母亲。不要因为外界的压力，因为习惯，因为无知，懵懵懂懂成为母亲。

知道自己如何做一个人，一个独立、自由、有尊严、有教养的人，然后去做母亲，才可能是称职的。

在你生育之前，请了解生育的痛苦，了解做母亲需要付出什么，再做出决定。

别总给母亲贴上牺牲、奉献、包容、贤妻良母之类的标签，内心强大、聪明能干、幽默有趣、自由潇洒，同样属于母亲。我更欣赏后者。

学习家教知识，特别是技巧，往往是无用的。你是什么样的人，就会有什么样的家教。除了改变自己，别无他法。

生不生孩子，决定权在你。不想生就不要生。生孩子不能治

好痛经，再生一个也不能治好月子病。就算你相信能治，也没必要。

养孩子最大的好处是，你可以开始一段新的亲密关系。会有一个人无条件地信赖你，你会因这段关系得到滋养，甚至可以重塑自己。但不养孩子，你也一样能重塑自己。养了孩子，也可能让你更糟糕。

不要迁怒于孩子，觉得是因为他你的人生才这样糟糕。毕竟，你把他带到这个世界上时，并没有经过他的同意。而且，喜欢迁怒的人，就算没有孩子，人生也好不到哪里去。

做了母亲之后，你也要记得：你跟伴侣的关系，优于亲子关系；你跟自己的关系，优于伴侣关系。做母亲会占用你大量的时间和精力。但你的人生，依然可以有无数种可能。

如果因为身体原因不能生孩子，不必愧疚。不建议去做试管婴儿之类的尝试。"无后"不是什么重要的事。这世界有许多好玩的、有意义的事，开开心心度过一生，看看好风景，不好吗？

母亲首先是女人，女人首先是人。生而为人，自食其力，自得其乐，是最基本的，也是最重要的。

最后，对孩子的爱，一开始就指向别离。请像我一样，提前规划好空巢老人的生活，空巢老人依然可以有诗和远方。

V

糟糕的父母是如何控制孩子的

糟糕的父母是如何控制孩子的？基本就是靠 3 种方法：暴力、经济、愧疚。

1. 暴力

打是最典型的暴力。其他的，比如骂、嘲讽、罚站、罚抄作业、关小黑屋、饿饭、转身就走、不加理睬……都是暴力范畴。

暴力控制多发生于婴幼儿、少年时期。这时孩子必须依附父母才能获得生存资料，体能又不行，暴力控制是最简单、最有效的。

到什么时候不用或减少暴力呢？到使用暴力无效或者已经没有资格使用暴力时。

你的父母终有一天不再打你，在他们已经打不过你的时候。

2. 经济

通常到青春期前后，暴力，尤其是赤裸裸的打，已经无法控制孩子了，该怎么办呢？

用经济来控制：花钱要详细汇报用途；不听话就不给钱；不主动给钱，一定要孩子开口要甚至恳求；该给的钱总是拖延至不能再拖；给一次钱就要唠叨一大篇……

3. 愧疚

你最终是会经济独立的，暴力和经济都控制不了你时，他们会与时俱进地用愧疚来控制你。手段更隐蔽，更高明。

引发愧疚，大概也有几种套路：一是强调他们多么爱你；二是唠叨为你付出了多少，做了多少牺牲；三是回忆自己一生吃了多少苦受了多少罪，让你心生怜悯，进而觉得自己对父母照顾不够；四是动不动就以病要挟，血压高、心脏病、头疼、胃疼、肝气疼，真病假病分不清；五是强调自己年老，需要陪伴；六是扮惨，在你面前示弱，有意无意展示生活艰辛，自己可怜。

你会发现，你成长的过程，就是不断摆脱父母控制的过程，也是父母与时俱进地控制你，不断"升级换代"控制手段的过程。

最早，他们用暴力控制你；后来，他们打不过你了，开始用经济来控制你；然后，你赚钱了，经济独立了，甚至他们需要跟你要钱了，他们就用愧疚来控制你。

当然，这些手段未必是泾渭分明的，常常会综合运用，效果更好——总有一款适合你。

我有时候真是很感慨，很多父母，如果有父母资格考试的话，是绝不合格的，他们却都是天生控制孩子的高手。

他们给孩子带来了深重的痛苦，这痛苦甚至会伴随孩子终生；他们从不反思自己作为父母是否合格，自己应该怎样做好父母，却对"控制"这门手艺无师自通，而且不断升级，与时俱进。

我是有了孩子之后，开始反思父母是否爱我，以及他们是怎样控制我的。我不要成为父母那样的人，更不要我的孩子经历我经历过的痛苦。

事实上，控制与被控制，都很痛苦，都会影响身心健康。被控制者，未来很可能会成为控制者。他不知道该怎样跟孩子相处，只会复制父母对他的方式，把痛苦一代代复制下去。

非有大智慧、大勇气，不能逃脱轮回。

V
怎样跟糟糕的父母相处

1. 父母之言，可以不听

时代发展比个人成长快，每个人每天都在被时代淘汰。很多父母就是落后的、被淘汰的人。

你应该有足够的智慧去判断，父母的话，哪些该听，哪些不该听。

2. 不必正面对抗，阳奉阴违即可

有些父母是可以沟通的，有些就完全不行；有些话题是可以沟通的，有些就完全不行。

无法沟通的时候，父母说什么你都表示同意，但你该干什么不该干什么，自己心里要有数。

他们催婚，你就说对象正在找；他们催生孩子，你就说我们正在努力天天造人。转过身，该干嘛干嘛。

3. 不要试图教育父母

他们是什么样的人，有什么样的三观，早就定型了。

试图教育和改造他们，你们双方都会很痛苦。

4. 不要试图拯救父母

他们过什么样的生活，有什么样的命运，是他们自己选择的。

父母之间有重大矛盾，你也没必要去做法官和调解员。你又不是神。你拯救不了任何人。

你能过好你自己的日子就很不错了。

5. 多赚点钱

多赚点钱，可以解决人生大部分问题。当然包括和父母的关系。

经济独立，可以有更多选择，更容易保持人格独立。

你还需要伸手向父母要钱，还要父母养着，那你自然要更多地听父母的。

6. 离远点

物理隔离，不住在一起，就可以保持相对独立。

哪怕只是一个小区里的两套房子，都比住在一个房子里矛盾少很多。

如果一个城南一个城北还是容易被打扰，干脆换个城市。

再不行干脆出国。直到他们鞭长莫及为止。

7. 不懊悔，不内疚

你没有按父母的意愿生活，没能给他们更多的钱，没有按他们的意愿养兄弟姊妹乃至下一代，没能改善他们之间糟糕的关系以及你和他们之间糟糕的关系，没能让他们拥有更好的生活，没能让他们变得聪明一点，没能给他们更多的陪伴甚至在他们去世时没能在身边，这都不是你的错。

不懊悔，不内疚，向前走。

8. 多给钱

在力所能及的情况下，尽量多给父母钱，尤其是年老的、经济条件差的父母。

我父母的养老金、医疗费全部是我一个人负担的。

当然你不愿意多给，也没有关系。自己做决定，不突破道德底线就好。

9. 不计较

不计较他们的任何态度和行为，不只是因为他们给了你生命，养育了你；

更因为，你比他们更有眼界，更聪明智慧；

更因为，他们老了；

更因为，你只有放下，才能重生。

10. 当然可以一刀两断

如果实在无法相处，他们永远在控制你，吸你的血，跟他们在一起只会给你带来无边痛苦，完全没有任何改进余地，你当然可以一刀两断。

我们能活到现在，简直是劫后余生。所以，好好爱自己。

Ⅴ
跟父母相处的关键，在于明确边界

和父母相处，最根本的核心是什么呢？是你应该从跟父母相处之中得到快乐。如果不能，最起码不应该让自己痛苦。如果已经很痛苦了，那就尽量减少痛苦。

还有一种情况，是痛并快乐着。那就尽量多些快乐，少些痛苦。人生无非如此：如果我们不能选择最好的，那就尽量选择不是太坏的。

按照这个标准，你是不是一定要爱父母呢？不一定。如果爱父母让你痛苦，那就不爱好了。

你是不是一定要孝顺父母呢？不一定。如果孝顺父母让你痛苦，那就不孝顺好了。

你是不是一定要跟父母和解呢？不一定。如果跟父母和解让你痛苦，那就不要和解好了。

你是不是一定要回老家过春节呢？当然也不一定。如果回老家过春节让你痛苦，那就不要回去好了。

不要"执"。顺其自然,听从你的内心,好好爱自己。

说了这么多"不一定",还有什么是"一定"要做的吗?

有的。一定要重新明确边界,明确相处规则。

你跟父母的关系,最早是毫无边界的。你是属于他们的。他们定的规则,就是你们相处的规则。

但是聪明的家长,比如我,会明白一个道理:孩子长大的过程,就是一个他不断拥有自我意识,不断跟你明确边界,不断远离你的过程。最终他会成为一个独立的人。

你首先要把他当成一个独立的个体去尊重、去对待、去相处,唯有这样,才能最大限度地留存亲情。

但是大多数家长——我们且不说他爱不爱孩子,是不是把养孩子当成一种投资——不是这样的。他们永远学不会放手,学不会尊重,永远把孩子当成自己的私有财产去对待。我要控制你,你的心灵、身体乃至财产,都是我的。我要了如指掌,我要任意支配。

如果不能,就是你不孝顺。

我父母就属于这类家长。而且,我并不能确定他们是否爱我,就算是爱,也可以确定他们更爱我哥,他们所有的财产都给了我哥,并在不断地剥削我,然后转移支付给我哥。

你要问我痛苦不痛苦?我当然痛苦,痛苦至今,父母都去世后,还因为怀疑他们是否爱我而痛苦。

当然，我已经尽最大可能减少了痛苦的程度。否则我早就崩溃了。

我是怎样跟父母相处的呢？有5个阶段：

第一阶段：顺从。

中国传统文化中讲，要孝顺父母，孝顺孝顺，要"顺"才能"孝"。

第二阶段：怀疑。

后来就很生气。生闷气，不敢说，维持表面的父慈子孝。我有深刻的自我怀疑，腹诽父母是不是不对。

第三阶段：冲突。

实在过不下去了。我父亲对我没有任何经济支持，还总玩"转移支付"，坑我钱贴补给我哥。我当时赚得也不多，还要养孩子，哪受得了？就只能跟他吵架，最后翻脸了（我们家有这么糟糕的兄弟关系，毫无疑问是因为我父母）。

第四阶段：远离。

我自己买房搬出去住，几年后又离开老家，辗转几个城市，到现在离家2000千米。

同时对父母有明确的态度：我给你们钱没问题，我养你们二老是应该的，但要我养我哥，养他一家人，门儿都没有（当然我父母还是玩了不少"转移支付"的手段，我也随手给过我哥一些钱）。

第五阶段：一刀两断。

我父母都去世了，我根本就不用再回去，与故乡一刀两断，不用跟家族里让我讨厌的人打交道了。

这5个阶段，就是一个不断划分和明确边界的过程。从物理距离到心理距离，都在远离，都在不断清晰划分。

这个过程，有深刻的自我怀疑，懊悔，内疚，无能为力。

如果一段亲密关系让你痛苦，你首先想到的，往往是怎样改善它。你试图改变对方，努力改变自己，甚至会产生深刻的自我怀疑：是不是我不够好？是不是我错了？

但自我怀疑会让你更痛苦。为什么不简单一点呢？如果这段亲密关系让我痛苦，那就是它不适合我。我可以试试能不能改善，但如果试过了没有效果，还是痛苦，那就远离它好了。

强力切割，划分界限，明确规则。你是你，我是我。按你的游戏规则我玩不下去，如果你还想跟我一起打通关，就按我的游戏规则来。否则，一拍两散好了。

有时候，唯有最暴烈的行动，才能换回最微小的宁静。我们无法从跟父母相处中得到快乐，但可以尽最大可能减少痛苦。

我用尽了我的智慧和心血，主要是"离远点，多给钱，不计较"，维持了一个表面上"父慈子孝"的局面，让父母的最后一段日子过得还算体面，从世俗意义上讲，自己是问心无愧的。

如果你无法做到像我这样，也不必自责，选择你自己的方式就好了。

如果实在不能和平共处，当然可以一刀两断。

如果不能快乐，起码应该少一些痛苦。

∨
不听老人言，快活很多年

遥想当年，父亲给我的人生规划是：在村办小学教书，娶村支书或村主任家的女儿，再承包 20 亩地，麦收或秋收时，可以叫学生来白干活儿。

我年轻时走过很多弯路，最多的弯路来自父母。我父母给我的人生建议几乎都是错的，听一次踩一次坑。

我 18 岁参加工作，工作 10 年，踩了无数坑之后，才想明白这个道理：父母之言，可以不听。

时代发展的速度，比个人进步的速度要快得多。大多数父母，已经被时代列车抛弃而不自知。

不断变化的时代，在不断奖赏善于学习的人。大多数父母，已经有很多年没有学习进步过了。

他们已经被时代淘汰。他们的经验都是过时的。他们还要去教育年轻人，让年轻人服从。

1970 年前后出生的人，读大学是一条很好的人生道路。特别是农村孩子，大学毕业国家分配工作，就直接实现人生跃迁。所以大家会有路径依赖，会教育孩子努力读书，考个好大学，就会有个好工作，就有光明的前途。

但那个时代已经过去了。现在是学历过剩而岗位稀缺的年代。教育已经成为奢侈消费，而不是性价比高的投资。

我送女儿去澳大利亚读书时，就对她说，留学是为了增加阅历，开阔眼界，多结识人脉和资源。不要指望几年后再回国找工作。你读大学时，就应该去赚钱。但是不要勤工俭学，比如去肯德基打工。这种用时间和体力赚钱的工作，对你的人生没有什么帮助。你要研究怎样做生意，不妨多试错。亏了不要紧，我可以兜底。

她大学还没毕业，就已经在悉尼开了两家店。她也在做短视频带货，最近工作的重点，是在研究 TikTok。

那天跟女儿打视频，我说："我真羡慕你呀，有这么一个好爸爸。我就没有。"

Ⅴ
有了女儿，我才陪伴自己重新成长

一

我结婚很早，刚满 22 岁就马上领证，第二年就有了女儿。

我有多爱她呢？

下班回家，她在睡觉，就要去亲她，把她弄醒。她性格很好，被弄醒从不哭闹发脾气，有时醒来只是看我一眼，笑一笑，不到一秒，闭眼就睡着了。那一笑啊，我的心都化了。

她到两个月时，奶水就不够吃了，开始喝奶粉。每天晚上要喝 3 次奶，都是我来喂。

只要可能，我就会跟她腻在一起。出门就抱着她，背着她，让她"骑马马"，舍不得让她下地走路。她到了八九岁，没有外人的时候，还会要我背着上楼。到十八九岁，我们一起走路时，还会拖一拖手。

我年轻时，是一个敏感而急躁的胖子。但是对她，却付出了最大的耐心。除了在她两岁时拍过她一下屁股，再也没有动过她一根指头。骂她批评她的时候，屈指可数。甚至她被叫家长，我被老师训得灰头土脸，极度不爽，出来以后，还带她去吃好吃的，"弥补我们心灵的创伤"。

送她出国读书时，我手里其实也没有什么钱，有两年真是在拆东墙补西墙，苦苦支撑。

我不曾要求她为我做什么，更没准备"养儿防老，积谷防饥"。我养她，就已经得到足够的快乐。

我只希望她可以自食其力，自得其乐。我给她的建议是，"多谈恋爱少结婚，可以不用生孩子"——只是建议，遵守不遵守无所谓。

二

古人说，养儿方知父母恩。

不是这样的。

我是养了孩子之后，才真正明白，父母根本不爱我——或者，不够爱我；或者，没有能力爱我。

我是我母亲生的第 8 个孩子，在此之前，父母还收养了我小叔的一个儿子。我母亲生我时，已经 40 岁。她脾气极度暴躁，容易歇斯底里，打骂孩子都是家常便饭。直到我 40 多岁，她从我身边走过，我都会本能地缩一下——小时候养成的习惯，因为很可能，接下来就是无来由的一巴掌。

我小时候根本没人抱，到两三岁时还被塞在"坐车"里，以至于我到三十五六岁还会经常做噩梦，自己是一个小孩子，在一个灰蒙蒙的没有边界的空间里，被塞在"坐车"里，身边没有一个人，然后就开始哭，直到哭醒。

直到六七岁，我跟父母都几乎没有过肌肤接触。我跟他们在一起时，总是会很紧张。我远离故乡后，若有电话打进来，看到是老家的区号，就会心惊肉跳。甚至我回一次老家，就会生一场病。

我上学时，遇到雨雪天气，绝不会有人给我送伞，我只能冒雨冲回家。直到现在，我遇到下雨时，还是会习惯淋雨，想不起来用伞。

我缺乏仪式感，没有节假日和生日的概念，不会给人带礼物，因为我小时候节假日也要下地干活儿，父母姊妹外出回来也没有人给我礼物。估计是大脑里相关区域没有发育起来。

我父亲极度偏心我哥，家里所有的资源都给了他。其实我从十二三岁就开始给自己赚学费和生活费，我现在所有的一切，一砖一瓦，一针一线，全是自己努力所得。

我十八九岁时，父亲跟我谈过，说自己很"开明"，不介意我去给别人做上门女婿——当时的农村，上门女婿地位非常低，一辈子都被人瞧不起，受人欺负。我拒绝之后，他恼羞成怒，打了我一顿。

　　我后来自己赚钱结婚，自己养孩子，自己买房子，完全不依靠父母。而父亲曾经用各种手段，明的暗的，强硬的示弱的，来问我要钱，让我为家里花钱，然后都贴补给我哥。

　　而我父亲真正让我伤透心，是他此生唯一一次给我打电话：他的孙子，也就是我哥家的小儿子，会叫爷爷了。他欣喜若狂，专门打电话让我听。

三

　　我越爱我女儿，就越明白：父母不爱我，最起码也是，不够爱我。

　　他们缺乏爱的能力，没有爱的方法。他们自己的人格就是不健全的。他们做了很多愚蠢的事，却不知道自己为何要做。他们过于偏心和溺爱我哥，我哥却成了一个超级无敌败家子。

　　而我，不只是爱我的女儿，还很感激她。在陪她长大的过程中，我深入反思了我的原生家庭，也更深刻地认识了自己。

　　我是我女儿的父亲，同时成为我自己的父亲，陪伴自己重新成长了一次。

　　我已经可以坦然接受父母不爱我这个事实，尽管有时未免还是会有些遗憾，有些心酸。但我不曾亏欠父母。我给他们的，已经尽了我的所能。

是的,父母不爱我,那又如何?

我已经学会——我终于学会,好好爱自己。

∨
爱情就像两人三足游戏

老徐比我大 3 岁。我们是少年夫妻，相识于微时。我 18 岁跟她谈恋爱，22 岁年龄够了马上结婚，第二年就生下小妖。我那时特别爱带孩子，小妖晚上喂奶、换尿片，基本都是我干。

28 岁，我们买了第一套房。32 岁，我决定离开小城和体制，去北京。她一个月去北京看我一次，坐绿皮火车，跨越 1000 千米。

一年后，我工作稳定一点，对她说："俩人离得太远，感情恐怕会有变化。你来北京吧，不用上班，我可以养你。"她就辞掉体制内的工作，跟我去北京。

又过一年多，我说："你老在家待着，不做事，也没有社交，人就会落后，我跟你说话你也听不懂，这样时间长了大概也会有问题。去找个工作吧，不图赚钱，有点事做，认识几个人也好。"她就去找了个工作，上了一段时间班。

39 岁，我离职创业，我们就一起白手起家，做了一家夫妻店，所有事都是我们自己干。一年后,女儿小妖出版了《生于1998:爱是青春最好的礼物》,然后去澳大利亚读书,我们两个空巢老人带着一条狗,相濡以沫。

两年后我们赚了第二个100万元,才请了第一个助理。后来公司做大一点,核心业务还是我们自己做。直到现在,我也还有这样的信心:把公司关掉,只靠我们两个人,依然可以做得不错。

我是老派男人。信奉"不以结婚为目的的恋爱就是耍流氓",信奉"结婚就要过一辈子",信奉"男人赚钱养家,女人赚钱买花"。我们刚确定关系,我就把工资卡交给她。后来创业,公司财务也一直是她在管。我手里几乎不过钱,到现在也就几万元零花钱。

我们是亲密伴侣,是事业合伙人,是可以把后背交给对方的战友。我们一起养孩子,一起养狗,一起自驾出游,一起面对人生的坎坷,包括至暗时刻。我们一起做公司,遇事商量着来,理论上,我拥有决策权和一票否决权,但如果不至于伤筋动骨,我在大多数时间里,也都尊重她的想法。

我们曾有一段时间关系很别扭。后来我才想明白,那是因为我在成长,对感情有了新的需求。我们最初的关系,很像母子,她做决定,她包容我,照顾我;而后来我成长越来越快,就像到了青春叛逆期,觉得父母不过如此,需要确立新的关系。这一段时间就很难受,好在最终也调整过来了。

本质上,我是一个自由散漫,却又急躁而龟毛的人;而她最大的优点,是情绪稳定,而且宽容。我兴趣广泛,阶段性沉迷,会心无旁骛;她马马虎虎,无可无不可。她放任我做我想做的几乎所有事,我获得了在婚姻框架里所能获得的最大自由。

我懒得也不擅长跟人打交道,满脸都是"你们最好不要来烦我,我没兴趣了解你,也没兴趣让你了解我";她则有一种奇特的气质,让人愿意亲近,愿意倾诉,仿佛在说"来啊,快说吧,我感兴趣着呢"。

我有些熟人,相识多年,我都不知道他们的私事,但她跟人家第一次见面,别人就愿意把祖宗八代各种事都告诉她。我之前的一些朋友,慢慢跟我不再打交道,却奇怪地跟她保持着联系,要找我会通过她。我有朋友兼合作伙伴,被我气到要跟我绝交,也是她出面沟通协调,最终,朋友说:"嫂子,我看在你的面子上,不跟鲆叔计较。"

我今年 48 岁。我们在一起,已经 30 年。如果没有大的意外,估计还会再一起走 30 年。

我有时候会想,这个世界上,真的存在所谓的"唯一真爱"吗?全世界有 80 多亿人,如果真有"唯一真爱",大家遇到一起的概率,几乎无限趋近零。凡俗如你我,不过是恰好遇到,相互吸引,然后携手同行罢了。如果在这一刻没有遇到,跟你同行的,可能就是另一个人。

爱情就像两人三足游戏。刚开始时,大家总是匹配的。但时间长了,有人走得快,有人走得慢,就走得很难受。你要么调整自己适应对方，要么让对方适应自己，当然最好是双方互相照顾，互相适应，这样才能走得长远。

  我们走到一起，很大程度是因为运气。我们选择了彼此，很大程度是因为偶遇。

  也没有什么一劳永逸的选择。需要大家共同努力，把选择变成正确。

你要的不是更好的亲密关系，而是更好的人生

好的亲密关系是：

1. 安全性依恋

你在，我很开心，想一直黏着你；但你要离开，我知道你会回来，不会有分离焦虑。

2. 平安喜乐

你在身边，或是想起你，我就忍不住嘴角上扬，而不是胃疼、头疼、胸闷。

3. 独立自由

爱不是控制，不是侵犯。保持各自的独立自由，让自己成为独立自由的人，才可能有高质量的亲密关系。

4. 互相加持

物质和精神，经验和智慧，都可以互相付出，互相加持。彼此会因此更安全，更强大。

5. 恪守边界

你是你的，是你自己的，然后才是我的。你的私人空间，除非受到邀请，否则我不会进入。

别指望亲密关系救赎你、疗愈你。你必须自我成长，然后才能改变或远离糟糕的亲密关系，得到更好的亲密关系。

你应该是一颗星球，原本具足，无须外求；但遇到更好的亲密关系，遇到更多亲密关系，就汇集成一条银河。

因此，我要告诉你的是：

1. 你要的不是更好的亲密关系，而是更好的人生，更好的自己。

2. 任何需要你努力去维持的关系，都不值得去维持。

3. 对你有害无益的关系，更加不值得去维持。

4. 为什么要努力维持不值得维持的关系？可能是出于惯性，

也可能是出于恐惧。抽离情绪，理性思考一下，就会明白该不该继续。

5. 但当你处于低质量亲密关系旋涡时，你的能量太低，往往是没有办法去理性思考的。

6. 如果在物理距离上远离一个人，会有如释重负的感觉，那他就是你应该放弃而不是要努力维持关系的人。

7. 先离远点试试。离远点，有利于你理性思考，也有利于离得更远。

8. 多赚点钱，有助于提升亲密关系的质量，也会让你更有勇气、更加容易放弃有害的亲密关系。

9. 通常来说，好的亲密关系优于好的单身生活，而好的单身生活优于差的亲密关系。

10. 努力提升自己才是王道。自食其力，自得其乐，没有什么能左右你、困扰你，你也更容易获得更好的亲密关系。

11. 向前走。

我给女儿的三条人生建议

1. 自己做决定，为自己负责

我女儿只有两三岁时，我就让她遇事自己做决定，同时提醒她，她要为自己的决定负责，要提前想一下可能的后果。

我会告诉她，这个后果原则上由她自己来承担。

但如果她无法承担，我就给她兜底。

2. 多谈恋爱少结婚，可不用生孩子

我女儿十七八岁时，我对她说，趁年轻，把你想干的事都干了。

只要不违法、不妨碍别人，做什么都可以。多尝试，多经历，多享受。

多谈恋爱少结婚，一生很长，没必要急着稳定下来。尤其不要随便生孩子，其他事都可以半途而废、从头再来，但孩子生出来了就塞不回去了。

3. 自食其力，自得其乐

要有赚钱的能力，并且不断提升这个能力。

多赚点钱，可以解决人生大部分问题。

有足够的钱，你就更自由、更强大。

内心要丰盈、坚定。做你自己喜欢的事，享受工作的乐趣，也享受生活。

与爱人、亲人的关系：在一起时开心，又不觉得受约束；分开时有点挂念，但自己也可以自得其乐，才是最好的。

我给我女儿写过一本书——《别把老爸当家长：写给女儿的 46 封情书》，但其实没必要看，记住上面这三句话就好了。

鲆叔语录

18 个走出原生家庭的方法

1. 要承认原生家庭对自己的影响，可能是终生的；但是也相信自己可以改变，可以为自己负责。

2. 良好的沟通，可以解决许多问题；但如果沟通很困难，也可以不必沟通。

3. 父母之言，可以不听。即使他们比你高明很多，也仅仅是参考。

4. 不要做父母的教育者和拯救者。你有你的人生，他们有他们的。

5. 过你自己想要的生活。不违法、不害人，自食其力，自得其乐，就挺好。

6. 拒绝任何控制你生活的人，当然包括父母。他们有他们的人生，你有你的。

7. 如果有人因为你拒绝被他控制而受到冒犯、伤害，那是他的事，与你无关。

8. 既成事实，无法改变，就不去计较。

9. 未必需要去理解父母。

10. 也未必需要跟父母和解。

11. 不要试图改变父母。

12. 不要证明自己能干，证明自己值得被爱。

13. 不内疚，不自责，不悔恨。

14. 强求放下也是"执"。放不下就放不下，不"执"。

15. 最核心的是：离远点，从物理和心理两个层面远离。

16. 不抱怨，不纠缠，不求公正。往前走。

17. 把原生家庭当成慢性病，终身伴随，不求治愈，控制就好。

18. 内心坚定，无所畏惧。

跋

你可以拥有更好的人生

你要有抓着自己的头发，把自己从烂泥塘里拔出来的勇气。你可以不断超越出身，超越阶层，不断提升自己，拥有更好的人生。

我出生在一个 28 线小城市的农村，好不容易才考上中专，毕业后分配到一所山村小学教书。后来因为写作，发表了几篇文章，进了乡政府"写材料"。32 岁时，离开小城去北京，薪水还没有刚毕业的大学生高。在北京跳过很多次槽。39 岁才开始白手创业，跌跌撞撞走到现在。

10 年前，我对未来的自己的承诺是：做自己喜欢的事。心灵强大、富足、自由。现在回头看看，基本都实现了。

我去过很多地方。我跨过很多行业。我做过很多事。我这一辈子，活过了别人的几辈子。我一直在，习惯逆袭。

我一直习惯在微博上随手记下我的经历，我的想法。然后有一天，我忽然想写一本书，就开始翻自己的微博，把之前写过的内容整理出来，用 9 天时间完成了《习惯逆袭》的初稿。完成书稿虽然只用了 9 天时间，但实际上，这本书我写了 40 多年，它是我前半生的经验总结。

我这一生，走过无数弯路，犯过无数错误，踩过无数坑，经历过至暗时刻，终于有了一些经验和教训。我很遗憾年轻时没有人教我这些，否则我起码可以少奋斗 10 年。

没有一劳永逸的人生。人生就像爬山，你每爬上一个台阶，就能看到更开阔的世界，但是你面前还有更多的台阶要爬。当你努力爬到山顶，"会当凌绝顶，一览众山小"时，你就会看到还有更高的山峰。

你还可以登上更高的山峰。

你可以拥有更好的人生。

全书完

习惯逆袭

作者_李鲆

产品经理_聂文　　装帧设计_孙莹
技术编辑_丁占旭　　责任印制_梁拥军　　出品人_曹俊然

果麦
www.guomai.cn

以 微 小 的 力 量 推 动 文 明

图书在版编目（CIP）数据

习惯逆袭 / 李鲆著 . -- 北京：中国华侨出版社，2024.3
ISBN 978-7-5113-9172-8

Ⅰ.①习… Ⅱ.①李… Ⅲ.①成功心理—通俗读物 Ⅳ.①B848.4-49

中国国家版本馆CIP数据核字(2023)第242120号

习惯逆袭

著　　者：李　鲆
责任编辑：姜薇薇
经　　销：新华书店
开　　本：890mm×1280mm　1/32开　印张：9.5　字数：187千字
印　　刷：河北鹏润印刷有限公司
版　　次：2024年3月第1版
印　　次：2024年3月第1次印刷
印　　数：1—10,000
书　　号：ISBN 978-7-5113-9172-8
定　　价：58.00元

中国华侨出版社　北京市朝阳区西坝河东里77号楼底商5号 邮编：100028
发 行 部：021-64386496　　传　真：021-64386491
网　　址：www.oveaschin.com　　E-mail：oveaschin@sina.com

如果发现印装质量问题，影响阅读，请与印刷厂联系调换